华东交通大学教材基金资助项目
普通高等院校应用型人才培养"十三五"优质教材

U0159432

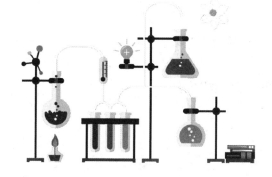

大学化学实验

主　编／杨小敏　刘建平　夏　坚
副主编／查文玲　龙启洋

西南交通大学出版社
·成　都·

图书在版编目（CIP）数据

大学化学实验 / 杨小敏，刘建平，夏坚主编. 一成
都：西南交通大学出版社，2020.11
ISBN 978-7-5643-7676-5

Ⅰ. ①大… Ⅱ. ①杨… ②刘… ③夏… Ⅲ. ①化学实
验 – 高等学校 – 教材 Ⅳ. ①O6-3

中国版本图书馆 CIP 数据核字（2020）第 188189 号

Daxue Huaxue Shiyan
大学化学实验
主编　杨小敏　刘建平　夏　坚

责 任 编 辑　　刘　昕
封 面 设 计　　原谋书装

出 版 发 行　　西南交通大学出版社
　　　　　　　（四川省成都市二环路北一段 111 号
　　　　　　　西南交通大学创新大厦 21 楼）
发 行 部 电 话　028-87600564　028-87600533
邮 政 编 码　　610031
网　　　址　　http://www.xnjdcbs.com
印　　　刷　　成都蓉军广告印务有限责任公司
成 品 尺 寸　　185 mm × 260 mm
印　　　张　　8
字　　　数　　190 千
版　　　次　　2020 年 11 月第 1 版
印　　　次　　2020 年 11 月第 1 次
书　　　号　　ISBN 978-7-5643-7676-5
定　　　价　　25.00 元

课件咨询电话：028-81435775

前 言

近年来，为了符合工程认证对人才培养的要求，我国许多高校纷纷在非化学化工的工科相关专业加开了化学类的课程，这些课程名称有"普通化学""工程化学"或"工程化学基础"等多种叫法。本校开设"大学化学"，使其与"大学物理""高等数学"一起，成为工程认证专业必须开设的自然科学三"大"基础科目，也是这些专业学生在本科阶段学习的唯一一门化学课程。"大学化学""大学化学实验"的目的是帮助学生建立化学学科的知识结构框架，知晓当今化学学科发展的基本情况及主要方向，初步了解化学学科的研究方法，使学生具备将所学专业与化学进行跨学科交流合作，解决自身专业领域中的复杂工程问题的能力。

基于上述教学目标，"大学化学""大学化学实验"课程以辅佐学生更好地进行专业课程学习为目的，不要求学生掌握化学理论及化学实验的专、精和尖。经几轮摸索，在本校化学实验中心相关化学实验指导讲义基础上，根据工程认证专业对化学实验的实际需求汇编而成本书。本书将实验内容分为四部分：绪论讲解化学实验基础知识，包括实验仪器、试剂、用水及实验室安全规范等；模块一是基础化学实验，主要包括传统无机化学、分析化学涉及的实验项目；模块二是物质性质和常数测定的理化实验，主要包括传统物理化学实验部分内容；模块三是现代仪器分析检测实验，主要是本校现已开设的大型仪器分析实验项目。各认证专业可根据培养方案和专业特色，从上述实验项目中选取最适合本专业的内容，从而达到化学与专业知识结合的目的。

本书在编写过程中参考了大量国内先行出版的化学实验教材，在此表示最诚挚的谢意。本书的出版得到了华东交通大学教材出版基金的大力资助，在此表示感谢。本书在出版过程中还得到了西南交通大学出版社的大力支持，特此感谢。

本书是工程认证专业化学实验教材的一个探索，全体编者尽了最大的努力，但限于水平，错误和疏漏之处在所难免，敬请广大师生和读者批评指正，以便修订时能够进一步完善。

编　者
2020 年 10 月

目录

绪 论 化学实验基础知识

第一节 化学实验仪器

化学反应的顺利进行与化学实验室大量的仪器设备是分不开的。化学实验仪器也称实验器材，一般指化学实验室中常见的小型器皿、管件、装置等。这些仪器材质各不相同，有金属的、木质的、塑料橡胶的，因玻璃可以吹制、弯曲、切割成为多种尺寸和形状，在化学实验室仪器中最为常见。本章所述化学实验仪器有别于大型分析检测设备。

一、化学实验常用仪器介绍

常见的化学实验仪器如表 0-1 所示。

表 0-1 化学实验常用仪器

仪器图示及名称	规 格	用 途	注意事项
试 管	以管口直径×管长（mm×mm）表示。例如 15×150、18×180、10×75	反应容器，便于操作和观察，试剂用量少	试管可以直接加热不能骤冷 加热时管口不要对着人，要不断地在热源上移动，使其受热均匀
离心试管	以容积（mL）表示，如 10、15、50。有的有刻度，有的无刻度	用于少量沉淀的辨认、分离	
试管架	试管架有木质、塑料或铝质	盛放试管用	
试管夹	用木料和钢丝制成	加热试管时用来夹持试管	防止烧损或锈蚀

仪器图示及名称	规 格	用 途	注意事项
 毛 刷	以大小和用途表示，如试管刷、试剂瓶刷等	洗刷玻璃仪器	防止刷顶的铁丝撞破玻璃仪器，用后不要放在水槽中
 烧 杯	大小以容积（mL）表示，如 50、100、250、500、1 000 等	用作反应药品量较大的盛装仪器	加热时需放在石棉网上，一般不直接加热
 长颈漏斗  短颈漏斗	分长颈、短颈；以口径（mm）表示，如 60、40、30 等	过滤操作用	
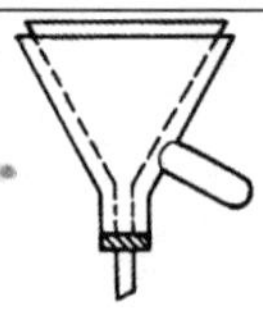 热水漏斗	以口径（mm）表示，如 60、40、30 等 热水漏斗由普通玻璃漏斗和金属外套组成。	用于热过滤	加水不超过其容积的 2/3
 梨形分液漏斗  球形分液漏斗	以容积（mL）和漏斗的形状（球形、梨形）表示，如 100 mL 球形分液漏斗	萃取时用于分离两种不相溶的溶液	活塞要用橡皮筋系于漏斗颈上，避免滑出
 布氏漏斗和吸滤瓶	布氏漏斗：为瓷质，以容积（mL）或口径（mm）表示 吸滤瓶：以容积（mL）大小表示	两者配套用于分离沉淀与溶液。利用真空泵降低吸滤瓶中压力以加速过滤	滤纸要略小于漏斗内径才能贴紧，先开真空泵，后过滤。过滤毕，先将泵与吸滤瓶的连接处断开，再关泵
 漏斗架	木制，漏斗板可上下升降，并以螺丝固定	过滤时支承漏斗	固定漏斗板时不得倒放

仪器图示及名称	规　格	用　途	注意事项
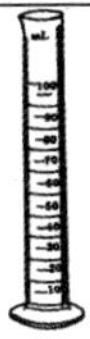  量筒　量杯	以能度量的最大容积（mL）表示	用来度量一定体积的液体	不能加热
 滴管	材料：尖嘴玻璃管和橡皮乳头	滴加少量试剂吸取沉淀的上层清液以分离沉淀	滴加试剂时要保持垂直，避免倾斜，尤忌倒立　除吸取溶液外，管尖不可触及其他器物以免沾污
  吸量管　移液管	以所度量的最大容积（mL）表示　吸量管：10、5、2、1（mL）　移液管：50、25、20、10、5（mL）	用来准确移取一定量的液体	不能加热
 容量瓶	以容积（mL）表示，如1 000、500、250、100、50、25	用于准确配制一定浓度的标准溶液或被测溶液	不能受热　不能存储溶液　不能在其中溶解固体　塞与瓶是配套的，不能互换　定容时溶液温度应与室温一致
 试剂瓶（广口瓶、细口瓶）	分广口瓶和细口瓶，材质分玻璃或塑料，又分无色和棕（茶）色。容积以 mL 表示	盛放液体、固体试剂，棕色瓶用于盛放见光易分解的试剂	不能加热，磨口塞要原配，盛碱性物质要用橡皮塞　受光易分解的物质用棕色瓶　取用试剂时瓶塞要倒放在台面上，防止瓶塞弄脏玷污瓶中的试剂
 滴瓶	以容积（mL）表示，分无色和棕色	盛液体试剂用	滴管要原配，注意乳胶头是否有破损　受光易分解的试剂用棕色瓶盛放　取用试剂时滴管切勿与其他瓶搞混。其他注意事项与滴管同

仪器图示及名称	规　格	用　途	注意事项
 称量瓶	以外颈×高（mm×mm）表示。有"扁形"和"高形"之分	扁形用于测定水分，烘干基准物质；高形用于天平准确称量时盛装固体粉末状物质	不能直接加热，不能挪作他用 瓶与盖是配套的，不能互换
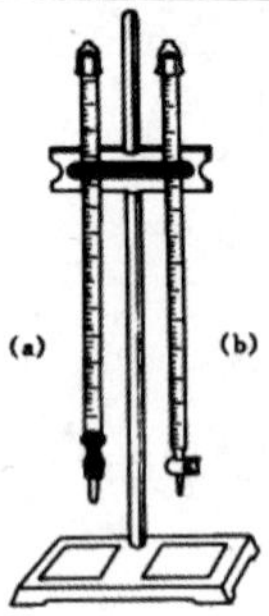 滴定管和滴定管架	以容积（mL）（量出式）表示，如25、50、100，等 分碱式管和酸式管颜色上有棕色和无色之分	用于滴定分析操作。滴定管架用于夹持滴定管。滴定管架由滴定台与蝴蝶夹组成	碱式滴定管用于盛装碱液，但不能长久存放 酸式滴定管用于盛装酸性溶液和氧化性溶液 受光易分解的滴定液要用棕色滴定管 活塞要原配，以防漏液
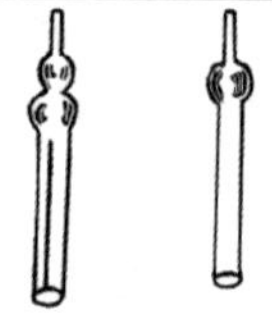 干燥管		盛装干燥剂，用于实验中防止水气进入反应体系	干燥剂放在球形部分，不宜过多，小管与球形交界处放少许棉花填充
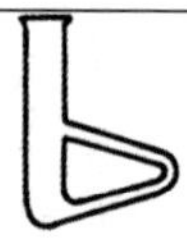 熔点测定管	以口径大小（mm）表示	用于测定有机固体化合物的熔点	所装溶液的液面应高于上支管处
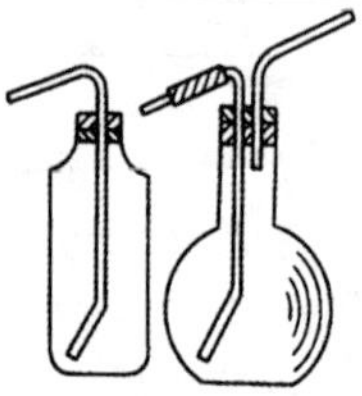 洗瓶	以容积（mL）表示，如250、500等。有玻璃、塑料之分	装蒸馏水洗涤仪器或洗涤沉淀物	左边的一般是软塑料瓶 右边的是玻璃材质，可置于石棉网上加热
 表面皿	玻璃质，以直径（cm）表示	盖在蒸发皿上或烧杯上以免液体溅出，或存放待干燥的固体物质	不能直接加热
 蒸发皿	材料：瓷质 分有柄、无柄两种 以容积（mL）表示，如125、100、35等	反应容器，用于蒸发液体	耐高温，能直接用火烧。高温时不能骤冷

仪器图示及名称	规　格	用　途	注意事项
 干燥器	以直径 d（cm）表示	内放干燥剂，可保持样品干燥 定量分析时，将灼烧过的坩埚或烘干的称量瓶等置于其中冷却	灼烧过的物体放入干燥器时温度接近室温 干燥器内干燥剂要定期更换
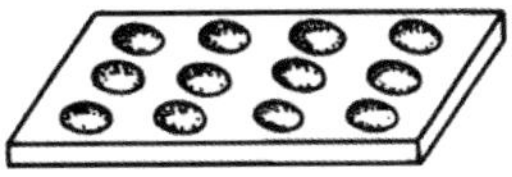 点滴板	瓷质： 白色、黑色 大小可分为12孔、6孔等	用于点滴反应，尤其是显色反应；一般不需分离的沉淀反应	白色沉淀用黑色板；有色沉淀用白色板
 研钵	有瓷、铁、玻璃、玛瑙等钵；规格以口径 d（cm）表示	研磨固体物质用，按固体的性质、硬度和测定的要求选用不同的研钵	只能研磨，不能敲击（铁研钵除外） 不能用火直接加热 不能作反应容器用
 药勺	由牛角、塑料、瓷、不锈钢等材质制成	取固体试剂用	有时取少量固体，可用小头一端
 水浴锅	有铜、铝制品之分	用于间接加热，也可用于控温实验	
 三脚架	铁制品，有大小、高低之分，比较牢固	用作放置较大的加热容器	
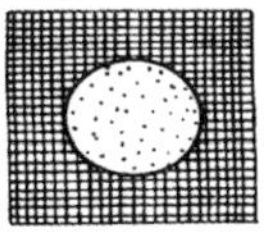 石棉网	由铁丝编成，中间涂有石棉。有大小之分	石棉导热性差，能使加热的物体受热均匀，不致造成局部高温	不要将石棉网与水直接接触，以免石棉脱落，铁丝锈蚀
 坩埚	以容积（mL）表示： 30、25 材质：有瓷、铁、银、镍、铂等之分	用以灼烧固体、耐高温	不同性质的样品选用不同材质的坩埚，比如铂坩埚不能用于碱性样品的处理 放在泥三角上直接用火烧 取高温坩埚时，坩埚钳要预热 灼热的坩埚不能骤冷

仪器图示及名称	规　格	用　途	注意事项
 坩埚钳		加热坩埚时夹取坩埚或坩埚盖用	不要与化学药品接触，防止生锈 放置时要头部朝上防止沾污
 泥三角	材料：瓷管和铁丝	灼烧坩埚时用于支撑坩埚	
 1—铁夹；2—铁环； 3—铁架铁架台。		用于固定或放置烧瓶等反应容器	

二、标准磨口玻璃仪器

　　除上表所列的常见化学实验仪器之外，在化学实验中还常常用到由硬质玻璃制成的标准磨口玻璃仪器。标准磨口玻璃仪器不需要木塞或橡皮塞，直接可以与相同规格的接口相互紧密连接，连接简便，又能避免反应物或产物被塞子沾污的危险。此外磨口仪器的蒸汽通道较大，不像塞子连接的玻璃管那样狭窄，所以比较流畅。

　　标准磨口玻璃仪器，均是按国际通用的技术标准制造的。常用的标准磨口有 10、14、16、19、24、29 等多种，这里的数字编号是指磨口最大端直径的毫米数。相同编号的内外磨口可以紧密相连。有的磨口玻璃仪器也常用两个数字表示磨口大小，例如 10/30 表示此磨口最大处直径为 10 mm，磨口长度为 30 mm。常用标准磨口玻璃仪器如图 0-1 所示。

　　使用标准磨口仪器的注意事项：

　　（1）组装仪器之前磨口接头部分应用洗涤剂清洗干净，再用纸巾或布擦干，以防止磨口对接不紧密，导致漏气。洗涤时，应避免使用去污粉等固体摩擦粉，以免损坏磨口。

　　（2）组装仪器时，应将各部分分别夹持好，排列整齐，角度及高度调整适当后，再进行组装，以免磨口连接处受力不均衡而折断。

（3）仪器使用后，应尽快清洗并分开放置。否则，容易造成磨口接头的粘结。对于带塞子、活塞的非标准磨口仪器不能随意调换，应垫上纸片配套存放。

（4）常压下使用磨口仪器，一般不涂润滑剂，以免沾污反应物或产物。如果磨口表面已被碱性物质腐蚀，粘结的磨口就很难打开了。因此当反应物中有强碱存在时，则应在磨口处涂抹润滑剂。减压蒸馏使用的磨口仪器必须涂润滑剂。在涂润滑剂之前，应将仪器洗刷干净，磨口表面一定要干燥。从涂有润滑剂的内磨口仪器中倾出物料前，应先将磨口表面的润滑剂擦拭干净，以免物料受污染。

（5）磨口一旦发生粘结，可采取以下措施。

① 可用木棒轻轻敲击接头处或将磨口竖立，往上面缝隙间滴几滴甘油。

② 用热风吹，用热毛巾包裹，或在教师指导下小心地用灯焰烘烤磨口外部几秒钟。

③ 将粘结的磨口仪器放在水中逐渐煮沸。

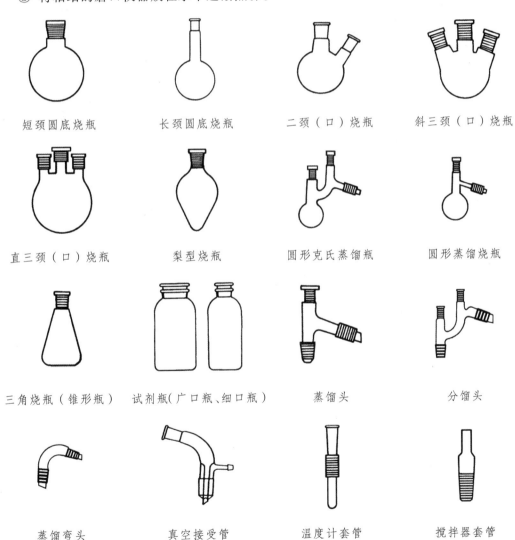

短颈圆底烧瓶　　长颈圆底烧瓶　　二颈（口）烧瓶　　斜三颈（口）烧瓶

直三颈（口）烧瓶　　梨型烧瓶　　圆形克氏蒸馏瓶　　圆形蒸馏烧瓶

三角烧瓶（锥形瓶）　试剂瓶(广口瓶、细口瓶)　　蒸馏头　　分馏头

蒸馏弯头　　真空接受管　　温度计套管　　搅拌器套管

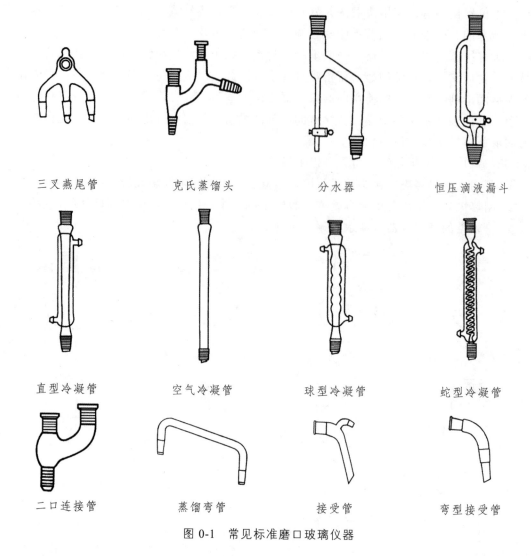

三叉燕尾管　　　　克氏蒸馏头　　　　分水器　　　　恒压滴液漏斗

直型冷凝管　　　　空气冷凝管　　　　球型冷凝管　　　　蛇型冷凝管

二口连接管　　　　蒸馏弯管　　　　接受管　　　　弯型接受管

图 0-1　常见标准磨口玻璃仪器

第二节　化学试剂基础知识

化学的各个环节都离不开化学试剂，化学试剂是广泛用于物质的合成、分离、定性和定量分析过程中的相对标准物质。目前使用的化学试剂种类很多，各国对化学试剂的分类和分级有不同的标准。各国都制定有自己的国家标准和其他一些标准（如行业标准、学会标准等）。IUPAC（国际纯粹与应用化学联合会）将试剂分成了 A~E 5 级，我国采用的化学试剂产品标准有国家标准（GB）、化工部标准（HG）及企业标准（QB）3 级等。

一、化学试剂分类

化学试剂产品种类已达数千种，大致可分为分析试剂、仪器分析专用试剂、指示剂、有机合成试剂、生化试剂、电子工业专用试剂、医用试剂等。随着现代科学技术和生产的发展，新的化学试剂种类还在不断产生，因此到目前为止，还没有一个统一的分类标准。我们暂将化学试剂分为标准试剂、一般试剂、高纯试剂、专用试剂 4 大类做一个简单介绍。

1．标准试剂

标准试剂是指用于衡量其他（欲测）物质化学量的标准物质。标准试剂的特点是，主体含量高而且准确可靠，其产品一般由大型试剂厂生产，并严格按国家标准检验。目前使用的主要国产标准试剂种类与用途如表 0-2 所示。

表 0-2　主要国产标准试剂的种类与用途

试剂种类	用途
滴定分析第一基准试剂	确定工作基准试剂的定值
滴定分析工作基准试剂	滴定分析标准溶液的定值
杂质分析标准溶液	仪器分析及化学分析中作为微量杂质分析的标准
滴定分析标准溶液	滴定分析方法中测定物质的含量
一级 pH 基准试剂	用于 pH 基准试剂的定值和高精密度 pH 计的校准
pH 基准试剂	校准（定位）pH 计
热值分析试剂	进行热值分析仪的标定
色谱分析标准	气相色谱法进行定性和定量分析的标准
临床分析标准溶液	用于临床化验分析
农药分析标准	农药分析
有机元素分析标准	有机物的元素分析

2．一般试剂

一般试剂是实验室中最普遍使用的试剂，一般分为 4 个等级和生化试剂。它的分级、标志、适用范围及标签颜色等列于表 0-3 所示。

指示剂也属于一般试剂。

表 0-3　一般试剂的规格和适用范围

级别	中文名称	英文符号	适用范围	标签颜色
一级	优级纯 （保证试剂）	G. R.	精密分析实验	绿色或深绿色
二级	分析纯 （分析试剂）	A. R.	一般分析实验	红色或金红色
三级	化学纯	C. P.	一般化学实验	蓝色或中蓝色
四级	实验试剂	L. R.	一般化学实验 辅助试剂	棕色 或其他颜色
生化试剂	生化试剂 生物染色剂	B. R.	生物化学及医用 化学实验	咖啡色 染色剂（玫瑰色）

3．高纯试剂

高纯试剂的特点是杂质含量低（比优级纯和基准试剂都低），主体含量一般相当于优级纯试剂，但它的杂质项目检测的规定比同种优级纯或基准试剂多 1 ～ 2 倍，并在标签上标有"特优"或"超优"字样。高纯试剂主要用于微量分析中进行试样的制备。

4．专用试剂

专用试剂是指有特殊用途的试剂。比如仪器分析中使用的色谱分析标准试剂、气相色谱担体及固定液、液相色谱填料、薄层色谱试剂、核磁共振分析用试剂等等。它与高纯试剂的相似之处是主体含量高，而且杂质含量更低。与高纯试剂相区别的是，在某些特定的分析方法（如发射光谱分析）中，只需将有干扰的杂质成分控制在不致产生明显干扰的限度以下即可。

二、化学试剂的选用

试剂的选用要根据所进行的实验具体情况，如分析方法的灵敏度和选择性、分析对象的含量及对分析结果准确度的要求等进行合理选用。其原则是在满足实验要求的前提下，选择的级别就低不就高，达到满足实验条件也尽量节约的目的。

三、化学试剂的储存

一般化学试剂的储存应注意在通风良好、干净整洁和干燥的房间，同时要远离火源、高温，并要防止污染。同时，根据不同种类化学试剂的性质，要采用不同的储存方法，主要有：

（1）固体试剂应盛装在广口瓶中，液体试剂要盛在细口瓶或滴瓶中；对见光易分解的试剂（如 $AgNO_3$、$KMnO_4$、$CHCl_3$、CCl_4 等）应使用棕色瓶盛放；容易侵蚀玻璃而影响试剂纯度试剂如氢氟酸、含氟盐、苛性碱等，则不能使用玻璃瓶，应储存于塑料瓶中；盛放碱类的瓶子要采用橡皮塞。

（2）具有强吸水性的试剂如无水碳酸钠、苛性钠、过氧化钠等应严格用蜡密封瓶口。

（3）剧毒试剂如氰化物、砒霜、汞盐等，应严格遵守管理制度，专人专管，严格取用手续，确保安全。

（4）对某些特种试剂应按要求采取特殊储存方法。如易受热分解的试剂，必须存放在冷藏箱中；对易吸湿或易氧化的试剂，则应储存于干燥器中；金属钠要浸泡在煤油中；白磷要浸泡在水中储存等。

此外，对于盛放溶液的试剂瓶，要在外面及时贴上标签，标明试剂名称、规格、浓度、配制时间等信息。试剂瓶上的标签，可以涂上一层石蜡保护或用透明胶带覆盖，以防标签在使用中被磨损或受试剂侵蚀而脱落。

第三节　化学实验用水

为了保证实验能够取得良好的准确的可再现的结果，化学实验中的水应使用能保持稳定水质的纯水。纯水并非绝对不含杂质，只是杂质含量极微量而已。不同的实验灵敏度要求，通常需要使用不同级别的纯水。

一、一般化学实验所用纯水

一般化学实验所用纯水为蒸馏水或去离子水。

蒸馏水是利用液体混合物中各组分沸点的差异，通过蒸馏方法，除去水中非挥发性杂质而得到的纯水。不同的蒸馏工艺所得纯水，其中含有的杂质种类和含量不同。用玻璃蒸馏器蒸馏所得的水含有 Na^+ 和 SiO_3^{2-} 等离子；而用铜蒸馏器所制得的纯水则可能含有 Cu^+。蒸馏水易包含挥发性杂质和水的共沸物，一般采用多级蒸馏的生产工艺保证水的纯度。

去离子水是利用离子交换剂去除水中的阳离子和阴离子杂质所得的纯水，称为离子交换水或"去离子水"。未经处理的去离子水有相对较高的微生物和有机物杂质污染可能，使用时应注意。

二、纯水质量的检验

国家标准 GB/T 6682—2008 对化学实验特别是分析化学实验用水的要求规定了具体的级别及主要技术指标，如表 0-4 所示。

表 0-4　GB/T 6682—2008 规定的水的级别及主要技术指标

指标名称	一级	二级	三级
pH 值范围（25 ℃）	—	—	5.0～7.5
电导率（25 ℃）/（mS·m^{-1}）（≤）	0.01	0.10	0.50
可氧化物质［以（O）计］/（mg·L^{-1}）	—	≤0.08	≤0.4
吸光度（254 nm，1 cm 光程）	≤0.001	≤0.01	—
可溶性硅［以（SiO$_2$）计］/（mg·L^{-1}）	≤0.01	≤0.02	—
蒸发残渣［（105±2 ℃）］/（mg·L^{-1}）	—	≤1.0	≤2.0

注：由于在一级、二级纯度的水中，难于测定真实的 pH 值，因此，对一级水、二级水的 pH 值范围不做规定；由于一级水的纯度下，难于测定可氧化物质和蒸发残渣，对其限量不做规定，可用其他条件和制备方法来保证一级水的质量。

纯水的质量检验指标很多，分析化学实验室主要对实验用水的电阻率、酸碱度、钙镁离子、氯离子的含量等进行检测。

（1）电阻率：选用适合测定纯水的电导率仪（最小量程为 0.02 μS·cm^{-1}）测定。

（2）酸碱度：要求 pH 值为 6~7。

检验方法如下：

① 指示剂法。

取待测水样 10 mL，加入 2 滴甲基红指示剂以不显红色为合格；另取待测水样 10 mL，加 5 滴 0.1% 溴麝香草酚蓝（溴百里酚蓝）以不显蓝色为合格。

② 仪器法。

用酸度计测量待测水样的 pH 值，在 6~7 为合格。

（3）钙镁离子：取 50 mL 待测水样，加入 pH=10 的氨水-氯化铵缓冲液 1 mL 和少许铬黑 T（EBT）指示剂，以不显红色（应显纯蓝色）为合格。

（4）氯离子：取 10 mL 待测水样，加入 2 滴 1 mol·L^{-1} HNO$_3$ 酸化，再加入 2 滴 10 g·L^{-1} AgNO$_3$ 溶液，摇匀后不浑浊为符合要求。

在化学分析实验方法中，除络合滴定必须用去离子水外，其他方法均可采用蒸馏水。化学分析实验用的纯水必须注意保持纯净、避免污染。通常采用以聚乙烯为材料制成的容器盛载实验用纯水。

第四节　玻璃仪器的洗涤和干燥

化学实验中所采用的器皿一般以玻璃仪器为主，这些玻璃仪器洁净与否直接影响实验结果，若使用不净的或受污染的玻璃仪器，往往会引起较大的实验误差，甚至导致实验失败。因此，实验仪器的洗涤与干燥是一个非常重要的基础操作，是实验成败的关键之一。

一、玻璃仪器的洗涤

一般而言，附着在仪器上的污物既有可溶性物质，也有尘土、不溶物及有机物等。洗涤时应根据污物性质和实验要求选择不同方法。洗涤一般可依照"倒出废物—冷却—用水冲洗—刷洗—用水冲洗"的顺序进行。洁净的玻璃仪器的内壁应能被水均匀地湿润而不挂水珠且不形成水的条纹。常见洗涤方法有

（1）刷洗法。

直接用自来水和毛刷对玻璃仪器进行刷洗，可以去掉仪器上附着的尘土、可溶性物质以及易脱落的不溶性物质。注意使用毛刷刷洗时，不可用力过猛，以免戳破容器。

（2）合成洗涤剂法。

去污粉是实验室常用的洗涤剂，它是由碳酸钠、细砂、白土等混合而成。其中碳酸钠的碱性具有较强的去污能力，加之细砂的摩擦和白土的吸附作用，可大大增加对仪器的清洗效果。

清洗时先将待洗仪器用少量水润湿，再用湿的毛刷蘸取少量去污粉，对仪器进行擦洗，注意里外都要洗刷。然后用自来水刷洗干净，最后用蒸馏水进行淋洗，以除去自来水中带来的钙、镁、铁、氯等离子。淋洗时本着"少量、多次"的原则，每次蒸馏水的用量要少。

其他合成洗涤剂（如洗衣粉、皂粉等）也有较强的去污能力，其使用方法类似于去污粉。

（3）铬酸洗液法。

铬酸洗液呈深褐色，具有强酸性和强氧化性，对有机物、油污等污物的去污能力特别强，是化学实验室洗涤玻璃仪器常用的一种洗涤剂。铬酸洗液是由浓 H_2SO_4 和 $K_2Cr_2O_7$ 混合而配制而成。其配制比例和方法：把 2.5 g $K_2Cr_2O_7$ 用 5 mL 水溶解（不溶时适当加热），待冷却后，在不断搅拌下，慢慢加入 45mL 浓 H_2SO_4，冷却后即可使用。铬酸洗液可反复使用，在使用中要避免洗液被仪器中残留的水分稀释，用后立即倒回原瓶并盖紧瓶塞密闭，以防浓硫酸因吸水而使洗液失效。当洗液呈现出绿色时，说明洗液即失效，可再加入适量 $K_2Cr_2O_7$ 加热溶解后继续使用。

实验中常用的移液管、容量瓶和滴定管等具有精确刻度的玻璃器皿，一般选择用铬酸

洗液进行洗涤。但铬酸洗液具有强腐蚀性和毒性，一般尽量少用，所产生的含铬废水要按环保要求处理。去污粉洗不干净的仪器可在倒尽残留的水后，加入少量铬酸洗液浸润，稍过一段时间，将洗液倒回原瓶。

（4）"对症"洗涤法。

针对附着在玻璃器皿上不同物质的性质，采用一些特殊的洗涤方法。如硫黄用煮沸的石灰水；难溶硫化物用 HNO_3/HCl；铜或银的附着用 HNO_3；黏附的 $AgCl$ 用氨水；煤焦油用浓碱；附着有机物用 $NaOH/$乙醇溶液洗涤；黏稠焦油状有机物用回收的有机溶剂浸泡；MnO_2 用热浓盐酸溶解；比色皿用 HCl-乙醇浸泡、润洗等。

二、玻璃仪器的干燥

洗净的玻璃仪器在存放前应进行干燥处理。根据玻璃仪器不同的用途以及所使用的场景不同应选取不同的干燥方法。常见的干燥方法有

（1）晾干：又叫风干，是最简单易行的干燥方法，玻璃仪器开口向下，敞开仪器开口，让水分自然流出，挥发。

（2）烤干：以试管、烧杯、蒸发皿等可加热的玻璃仪器可采用此法。将仪器外壁擦干后用小火烘烤，并不停转动仪器，使其受热均匀而干燥。

（3）烘干：将仪器放入电热干燥箱中，控制温度在 105 ℃ 左右烘干。在仪器放入干燥箱前，应尽量控净水分，并将仪器放置于洁净的金属搪瓷托盘上。注意，用于精密度高的分析测定的容量器皿不能进行烘干。

（4）吹干：使用电吹风或气流干燥器对玻璃仪器进行吹干，适用于快速干燥一些有机实验用的磨口玻璃仪器。

（5）有机溶剂干燥法：此种方法又称为快干法。对于那些带有刻度不能加热的计量仪器，或一些小件急用的玻璃器皿可采用此法。先用少量丙酮或无水乙醇使内壁均匀润湿后倒出，再用乙醚使内壁均匀润湿后倒出，然后用电吹风吹干。

需要注意的是，对于易碎的玻璃食品，无论采用哪种干燥方法，都要小心操作。

第五节　试剂的配制与取用

正确地配制、使用化学试剂溶液是实验工作的一项基本训练和要求。配制溶液要树立的"量"的概念，应根据实验对浓度的准确度要求来进行，该"严细"的要严格细致，可"粗松"的就可以粗略些，这样使实验做得既好又节约、省时，用"精细严松"4个字来概括再合适不过了。

一、化学试剂溶液的配制方法

化学实验中使用的试剂溶液可分为一般试剂溶液和标准溶液。标准溶液的配制又可分为直接配制和间接配制。直接配制标准溶液时要求准确，需 4 位有效数字，故配制时必须采用万分之一电子天平进行固体试剂称量，配制用的容器要使用容量瓶进行体积定量。而间接配制标准溶液时，只需配制粗略浓度，配制时可用一般精度的电子天平称量固体试剂，体积量器采用量筒即可。一般试剂溶液大多也为粗略浓度，固体试剂可使用台秤称量，体积量器采用量筒。

配制试剂溶液时还应注意选择适当的盛放容器。如见光易分解和易挥发的试剂，应盛放在棕色试剂瓶中，并注意避光保存。在配制对玻璃有腐蚀性的溶液时，应存放在聚乙烯塑料瓶中，以免引入杂质，影响测定结果。

在盛装配制好的溶液的试剂瓶上，要及时贴上写有溶液名称、浓度和配制日期的标签，标签外面应涂蜡或贴透明胶带加以保护。

用固体试剂配制溶液时，应先根据所需配制浓度和配制溶液的体积量算出固体试剂用量，称取后置于容器中，先加少量水搅拌溶解，必要时加热使之溶解，冷却后再加水至所需的体积，混合均匀。

用液态试剂（或浓溶液）配制稀溶液时，应先根据液态试剂（或浓溶液）的浓度或者密度计算出需要量取的液体体积，量取后加入所需的纯水混合均匀即可。

在配制饱和溶液时，所用固体的量应稍多于计算量，加热溶解、冷却、待结晶析出后再用，以保证溶液处于饱和状态。

配制溶液时，如有较大的溶解热产生，则应在烧杯中进行配制。

配制某些易水解的盐溶液〔如 $SnCl_2$、$SbCl_3$、$Bi(NO_3)_3$ 等〕时，必须先将其溶解在相应的酸溶液（HCl 或 HNO_3）中，以抑制水解，然后再稀释至所需浓度。

配制易氧化的低价金属盐类（如 $FeSO_4$、$SnCl_2$ 等），不仅需要酸化溶液，而且还应该在该溶液中加入相应的纯金属（如金属 Fe 或金属 Sn），以防止低价金属离子被氧化。

二、化学试剂的取用

取用试剂时的首要原则是先检查试剂的名称和规格是否相符，以免错用试剂。将试剂瓶盖打开后，瓶盖应翻过来放置在干净的地方，以免盖上时带进污染物；试剂取完后应及时盖上瓶盖，然后将试剂瓶的标签朝外放归原处。特别要指出的是，取用试剂要注意节约，用多少取多少，过量的试剂严禁再放回原试剂瓶内，对有回收价值的试剂可放入回收瓶中。

（1）固体试剂的取用。

取用固体试剂时一般使用牛角药匙（或不锈钢药匙、塑料药匙等），药匙的两端分别为大小两个匙，取样量多时用大匙，取少量固体试样时用小匙。使用的药匙必须清洁干净，要专匙专用，药匙用完后应立即进行清洗并干燥，以备下次使用。

若要对取用的固体试剂进行称量，可使用天平，一定要将固体试剂放在称量纸上或表面皿上进行称量。对易潮解或有腐蚀性的试剂，可将称量纸改成用烧杯或锥形瓶进行称量。

（2）液体试剂的取用。

打开液体试剂的瓶塞后，要将瓶塞反放于桌面上，以免瓶塞沾污造成污染而使试剂级别下降。操作时用右手手心朝向标签处握住试剂瓶（以免倾注液体时弄脏标签），用左手拿住盛接试液的容器。倾倒试剂时，若盛接的容器是小口容器（如小量筒、滴定管）等，则要小心将接收容器倾斜，先靠近试剂瓶，再缓缓倾入。倾注完毕后，注意瓶口最后一滴溶液可用接收容器轻触一下，以免流出瓶外。若盛接的容器是大口，可把容器放于台面上，用左手拿玻璃棒，棒的下端紧靠容器内壁，将试剂瓶口靠在玻璃棒上，缓慢竖起试剂瓶，使液体试剂成细流沿着玻璃棒流下。试剂瓶切勿竖得太快，否则易造成试剂不是沿着玻璃棒流下而是冲溅到容器外或桌上，造成损失和浪费，还有可能产生危险。取用易挥发、有嗅味的液体试剂（如浓 HCl），应在通风橱内进行。对易燃烧、易挥发的物质（如乙醚等），应确保在周围无火源的地方进行移取。

取用少量或滴加液体试剂时，可首先用倾注法将试剂转移入滴瓶中，然后用滴管进行滴加。一般滴管每滴约 0.05 mL，加 1 mL 约需 20 滴。若要精确计量，可先对滴管每滴体积进行校正，用滴管滴 20 滴液体到 10 mL 干量筒中，量出体积，然后算出每滴的体积数。

滴管取用试剂时，应先提起滴管，使管口离开试剂液面，用手指捏紧橡皮头排去空气，再把滴管伸入滴瓶中吸取试剂。加液时将滴管管尖伸入接受容器口而不接触容器壁，以免滴管被沾污（滴管竖直或倾斜都可），再逐滴将试剂滴入。严禁将滴管直接伸入到接受容器内部，滴管不能平放，更不能倒置，用后一定要及时插回到原滴瓶中，绝对禁止滴管的混用。

精确定量取用液体试剂时，应根据要求不同，选用量筒或移液管进行量取（移取）。

第六节 化学实验室安全

人们在长期的化学实验工作过程中，总结了关于实验室工作安全的一句俗语："水、电、门、窗、气、废、药"。这7个字，涵盖了实验室工作中使用水、电、气体、试剂、实验过程产生的废物处理及实验场所的安全防范等几个方面的核心要素。实验室的安全十分重要，所有人员必须遵守实验室的规则，使大家都有一个安全的工作和学习环境。

一、实验室安全规范总则

（1）确保完全了解设施/建筑物的疏散程序。在突发事故或紧急情况时，务必按照实验室安全规范进行操作。

（2）确保实验室的安全设备（包括急救箱，灭火器，洗眼器和安全淋浴）的位置以及正确的使用方法。确保实验室出口和火灾警报器的位置。

（3）知道紧急电话号码，以便在紧急情况下寻求帮助，包括火警、学校保卫部门热线等。

（4）不得在实验室嬉闹、进食，更不得用实验室玻璃器皿存放食品或饮料。

（5）使用玻璃器皿时必须检查其是否有碎屑和裂纹。使用新设备前需经批准或培训方可进行操作。

（6）如果仪器在使用过程中发生故障或无法正常运行，请立即将此问题报告给技术人员。切勿尝试自行修理设备问题。

（7）实验所用仪器、试剂放置要合理，有序。

（8）切勿长时间疲劳无休止地进行实验，不建议在实验室中独自工作。

（9）最后一个离开实验室的人，请确保锁定所有门并关闭所有点火源。

（10）确保始终遵循正确的程序处理实验室废物。

二、实验室用电安全

实验室用电有十分严格的要求，不能随意。必须注意以下几点：

（1）在使用任何高压设备之前，确保已获得实验室主管的许可。

（2）禁止以任何方式更改或修改高压设备。

（3）连接高压电源时，务必将其关闭。

（4）如果需要调节任何高压设备，只用一只手。将另一只手放在背后或口袋中是最安全的。

（5）确保所有电气面板均畅通无阻且易于取用。

（6）尽可能避免使用延长线。

三、实验室用火（热）安全及处理

目前，实验过程使用的热源大多用电，但也有少数直接用明火（如用煤气灯）。首先，不管采用什么形式获得的热源都必须十分注意用火（热源）的规定及要求：

（1）使用燃气热源装置，应经常对管道或气罐进行检漏，避免发生泄漏引起火警。

（2）加热易燃试剂时，必须使用水浴、油浴或电热套，绝对不可使用明火。

（3）若加热温度有可能达到被加热物质的沸点，则必须加入沸石（或碎瓷片），以防暴沸伤人，实验人员不应离开实验现场。

（4）用于加热的装置，必须是规范厂家的产品，不可随意使用简便的器具代用。

如果在实验过程发生火灾，第一时间要做的是将电源和热源（或煤气等）断开。起火范围小可以立即用合适的灭火器材进行灭火，但若火势有蔓延趋势，必须同时立即报警。常用的灭火器及其适用范围如表 0-5 所示。

表 0-5　常用的灭火器及其适用范围

类　型	药液成分	适用范围
酸碱式	H_2SO_4，$NaHCO_3$	非油类及电器失火的一般火灾
泡沫式	$Al_2(SO_4)_3$，$NaHCO_3$	油类失火
二氧化碳	液体 CO_2	电器失火
四氯化碳	液体 CCl_4	电器失火
干粉灭火	粉末主要成分为 Na_2CO_3 等盐类物质，加入适量润滑剂、防潮剂	油类、可燃气体、电器设备、文件记录和遇水燃烧等物品的初起火灾
1211	CF_2ClBr	油类、有机溶剂、高压电器设备、精密仪器等失火

水虽是人所共知的常用灭火材料，但在化学实验室的灭火中要慎用。因为大部分易燃的有机溶剂都比水轻，会浮在水面上流动，此时用水灭火，非但不能灭火反而使火势扩大蔓延；还有的溶剂与水发生剧烈的反应产生大量的热能引起燃烧加剧甚至爆炸。根据燃烧物质的性质，国际上统一将火灾分为 A、B、C、D 4 类，必须根据不同的火灾原因，选择相应的灭火器材。火灾类别及其灭火器材的选用如表 0-6 所示。

表 0-6　火灾类别及其灭火器材的选用

火灾类型	燃烧物质	灭火器材	注意事项（灭火效果）
A 类	木材、纸张、棉布等为一类	水、泡沫式、酸碱式	酸碱式灭火器喷出的主要是水和二氧化碳气体，而泡沫式灭火器除了有水和二氧化碳气体外，同时喷出发泡剂，与水、二氧化碳混合在一起，形成被液体包围的细小气泡群，在燃烧物表面形成抗热性好的泡沫层，阻止燃烧气化和外界氧气的侵入

火灾类型	燃烧物质	灭火器材	注意事项（灭火效果）
B 类	可燃烧液体（液态石油化工产品，食用油脂和涂料稀释剂等）	泡沫式灭火器 切记：不能用水和酸碱式灭火器	可用泡沫式灭火器，其作用如前述。B 类火灾还可以用二氧化碳灭火器和四氯化碳灭火器，注意：① 使用二氧化碳灭火器时，人要站在上风处，以免二氧化碳中毒，手和身体不要靠近喷射管和套筒，以防低温（约 −70 ℃）冻伤。另外，二氧化碳灭火器的有效喷射距离仅为 1.5～2 m。② 对四氯化碳灭火器，由于四氯化碳在高温下可能会转化为剧毒的光气，所以使用时应保持一定的距离
C 类	可燃性气体（天然气、城市生活用煤气、沼气等）	干粉灭火器	干粉灭火器灭火时间短、灭火能力强。禁用水、酸碱式和泡沫式灭火器
D 类	可燃性金属（钾、钠、钙、镁、铅、钛等）	砂土	严禁用水、酸碱式、泡沫式和二氧化碳灭火器灭火。扑灭 D 类火灾最经济有效的材料是砂土（注意消防用砂土应该清洗干净且放置在固定位置）。另外，还有偏硼酸三甲酯（TMB）灭火剂，因其受热分解，吸收大量的热量，并在可燃性金属表面生成氧化硼保护薄膜、隔绝空气。原位石墨灭火剂：由于它受热迅速膨胀，生成较厚的海绵状保护层，使燃烧区温度骤降，并隔绝空气，迅速灭火

四、实验室使用压缩气的安全

使用压缩气（钢瓶）时应注意：

（1）压缩气体钢瓶有明确的外部标志，内容气体与外部标志一致。

（2）搬运及存放压缩气体钢瓶时，一定要将钢瓶上的安全帽旋紧。

（3）搬运气瓶时，要用特殊的担架或小车，不得将手扶在气门上，以防气门被打开。气瓶直立放置时，要用铁链等进行固定。

（4）开启压缩气体钢瓶的气门开关及减压阀时，旋开速度不能太快，而应逐渐打开，以免气流过急流出，发生危险。

（5）瓶内气体不得用尽，剩余残压一般不应小于数百千帕，否则将导致空气或其他气体进入钢瓶，再次充气时将影响气体的纯度，甚至发生危险。

五、实验室废弃物处理

由于化学实验室的实验项目繁多，所用的试剂与反应后的废物也大不相同，对一些毒害物质不能随手倒在水槽中。例如：氰化物的废液，若倒入强酸的介质中将立即产生剧毒的 HCN，故此，一般将含有氰化物的废液倒入碱性亚铁盐溶液中生成亚铁氰化物盐类，再作废液集中处理。又如重铬酸钾标准溶液是常用标准溶液之一，剩余的重铬酸钾溶液应将其转化为三价铬再作废液处理，决不允许未经处理就倒入下水道。根据国家标准 GB8978—2002《污水综合排放标准》，第一类污染物（指能在环境或动物体内蓄积，对人体产生长远影响的污染物），它们允许排放的浓度作了严格的规定，如表 0-7 所示。

（1）含汞盐废液的处理。

将废液调至 pH 8 ~ 10，加入过量的硫化钠，使其生成硫化汞沉淀，再加入共沉淀剂硫酸亚铁，生成的硫化铁吸附溶液中悬浮的硫化汞微粒而生成共沉淀。弃去清液，残渣用焙烧法回收汞，或再制成汞盐。

表 0-7　第一类污染物的最高允许排放浓度

污染物	最高允许排放浓度/(mg·L^{-1})	污染物	最高允许排放浓度/（mg·L^{-1})
总　汞	0.05[烧碱行业采用 0.005]	六价铬	0.5
烷基汞	不得检出	总砷	0.5
总　镉	0.1	总铅	1.0
总　铬	1.5	总镍	1.0
		苯并芘（α)	0.000 03

（2）含砷废液的处理。

加入氧化钙，调节 pH 为 8，生成砷酸钙和亚砷酸钙沉淀。或调节 pH 为 10 以上，加入硫化钠与砷反应，生成难溶低毒的硫化物沉淀。

（3）含铅、镉废液的处理。

用消石灰将 pH 调节至 8 ~ 10，使 Pb^{2+}、Cd^{2+} 生成 $Pb(OH)_2$ 和 $Cd(OH)_2$ 沉淀，加入硫化亚铁作为共沉淀剂，使之沉淀。

（4）含氰废液的处理。

用氢氧化钠调节 pH 值为 10 以上，加入过量的高锰酸钾（3%）溶液，使 CN^- 氧化分解。如 CN^- 含量高，可加入过量的次氯酸钙和氢氧化钠溶液。

（5）含氟废液的处理。

加入石灰生成氟化钙沉淀。

（6）含 Cr^{6+} 废液的处理。

我国环境保护有关规定，Cr^{6+} 最高允许排放浓度为 0.5 mg·L^{-1}，而有些国家往往限制到 0.05 mg·L^{-1}。Cr^{6+} 处理方法，一般常用化学还原法，还原剂可用 SO_2（硫酸亚铁、亚硫酸氢钠等）。例如：

$$2SO_2+2H_2O =\!=\!= 2H_2SO_4$$

$$3SO_2+Na_2Cr_2O_7+H_2SO_4 =\!=\!= Cr_2(SO_4)_3+Na_2SO_4+H_2O$$

铬酸盐被还原后，应使用石灰或氢氧化钠将铬酸盐转化成氢氧化铬从水中沉淀下来再另作处理。

$$Cr_2(SO_4)_3+3\ Ca(OH)_2 =\!=\!= 2Cr(OH)_3\downarrow +3CaSO_4$$

使用自来水后要及时关闭阀门，尤其遇到突然停水时，要立即关闭阀门，以防来水后跑水。离开实验室之前应再检查自来水阀门是否完全关闭（使用冷凝器时较容易忘记关闭冷却水）。

六、常见实验室安全警示标识

实验室安全至关重要，不管是实验前期防护还是实验中操作过程，都容不得半点马虎。为了提醒实验人员安全操作，通常会在实验室显眼之处张贴安全警示标识，提醒可能会发生的各种危险。安全标识由图形符号、安全色、几何形状（边框）或文字构成，分为禁止标志、警告标志、指令标志、提示标志等，认识并认清这些标识可减少和避免实验室安全事故的发生，即使在发生紧急事故时，也能够不慌不乱，把伤害和损失减少到最小程度。

模块一　基础化学实验

实验一　分析天平的使用

一、实验目的

（1）了解分析天平的构造，掌握分析天平正确操作和使用规则。
（2）学习天平的零点调节。
（3）学习天平的称量方法。

二、预备知识

电子天平是根据电磁力平衡原理而制成的最新一代的天平。它称量速度快、精度高，可以在放上被称物质后直接称量，全量程不需要砝码，在几秒钟内达到平衡，直接显示读数。它的支撑点采取弹簧片代替机械天平的玛瑙刀口，用差动变压器取代升降枢装置，用数字显示代替指针刻度。因此具有体积小、使用寿命长、性能稳定、操作简便和灵敏度高的特点。此外，电子天平还具有自动校正、自动去皮、超载显示、故障报警等功能，以及具有质量电信号输出功能，可与打印机、计算机联用，进一步扩展其功能，如统计称量的最大值、最小值、平均值和标准偏差等。由于电子天平具有机械天平无法比拟的优点，且随着技术的进步其价格逐渐降低，因而越来越广泛的应用于各个领域，并逐步取代机械天平。

1．电子天平的使用

（1）称量前的检查。

取下天平罩，叠好，放于天平后；检查天平盘内是否干净，必要时予以清扫；检查天平是否水平，若不水平，调节底座螺丝，使气泡位于水平仪中心；检查硅胶是否变色失效，若是，应及时更换。

（2）开机、预热和校准。

关好天平门，轻按 ON/OFF 键，LED 指示灯全亮。松开手，天平先显示型号，然后进入自检，屏幕变黑。10 s 后自检完成，显示为 0.000 0，并出现单位符号"g"，表示进入称量模式，可以使用。

天平通电后应预热 30 min 以上，否则零点将漂移不稳定。如果关机后保持通电状态，则开机后不需预热。

称量前要用标准砝码对天平进行校准，这样才能保证称量结果的准确性。

（3）使用方法。

电子天平的使用方法较半自动电光天平而言大为简化，无须加减砝码，调节质量，复杂的称量操作均由程序替代。一般有两种称量方法：

① 直接称量。

在 LED 指示屏显示为 0.000 0 g 时，打开天平侧门，将被称物小心地置于秤盘中央，轻轻关闭天平门。这时显示器上数字不断变化，待数字稳定并出现质量单位 g 后，即可读数，并记录称量结果。

② 去皮称量。

将称量容器（烧杯、称量纸等）小心地置于秤盘中央，关上天平门，待天平读数稳定出现质量单位 g 后按 TARE（去皮）键清零，使读数显示为 0.000 0 g。在容器中加入被称物，观察天平读数变化，当所称质量达到称量要求时，关闭天平门，待数字稳定并出现单位符号 g 后，读取记录被称物的准确质量。

（4）称量结束工作。

称量结束后，关闭天平门，按 ON/OFF 键关闭天平电源。检查天平内是否清洁，如有试样洒落，一定要用毛刷清扫干净。罩好天平罩，在天平使用记录本上做好使用记录并签名。将称量瓶、容器、样品等放置归位，整理好台面之后方可离开。

2．电子天平使用注意事项

（1）打开和关闭天平门，取放称量物时，动作一定要轻缓，切不可用力过猛或过快，以免造成天平的冲击损坏。

（2）对于过热或过冷的称量物，应使其恢复到室温后方可称量。

（3）称量物的总质量不能超过天平的称量范围（ < 200 g），固定质量称量法时要特别注意。

（4）所有要放到天平秤盘上称量的容器（如烧杯、表面皿、称量瓶、称量纸等），都必须洁净干燥，以免沾染腐蚀天平。

（5）为避免手上的油脂汗液污垢对称量造成影响，不要用手直接拿取称量容器，应佩戴称量手套或用洁净的小纸条夹取。称取易挥发或易与空气作用的物质时，必须使用称量瓶以确保在称量过程中物质的质量不发生变化。

三、仪器与试剂

电子天平（FA2004）、小烧杯、表面皿、称量瓶、牛角勺等；
称量试样：石英砂。

四、实验内容和步骤

1．认识分析天平

对照天平部件结构图（见图 1-1）仔细观察和熟悉分析天平的各个部件和按钮，掌握各按钮的位置和使用；检查天平状态是否完好（位置是否水平、秤盘是否清洁，必要时进行清理）。

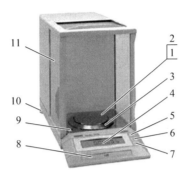

1—秤盘；2—秤盘座（在秤盘下）；3—气流罩；4—显示窗；
5—M 键；6—C 键；7—I 键；8—TARE 键；
9—水平泡；10—水平调整脚；
11—门玻璃。

图 1-1　电子天平（FA2004）部件结构图

2．天平的开启和调零

（1）按 ON/OFF 开关开启电子天平，等待数秒钟待天平自检完成，中途不要按其他按钮；

（2）让天平预热 10 ~ 15 min，待读数稳定；

（3）按"去皮"键读数清零；

（4）称量一只表面皿的质量，记录。

3．固定质量称量法

采用固定质量称量法，称取 0.500 0 g 试样到表面皿上。

4．差减称量法

取一只洗净并烘干的小烧杯和称量瓶，练习差减法称量。

（1）准确称量小烧杯的质量，记为 m_1。

（2）取一只称量瓶，加入约 1 g 试样。

（3）在分析天平上准确称量出（称量瓶 + 试样）的总质量，记为 m_2。

（4）用小纸条夹住称量瓶取出，另一纸条夹住称量瓶盖小心地轻敲出 0.3 ~ 0.4 g 试样于前面已称量的小烧杯中。再准确称量（称量瓶 + 剩余试样）的质量 m_2'。

（5）准确称量已装有试样的小烧杯的质量，记为 m_1'（m_1 + 试样）。

（6）重复 3 次实验，按如表 1-1 所示记录称量数据，然后进行数据处理和检验：

称量瓶中减少的质量（$m_2 - m_2'$）应该等于小烧杯中增加的质量（$m_1' - m_1$）。若不相等，求出所称质量的偏差，偏差小于 ± 0.5 mg 合格，否则应重做。

表 1-1 差减称量法的实验记录表格

序号	m_1	m_2	m_1'	m_2'	$m_1' - m_1$	$m_2 - m_2'$	偏差
1							
2							
3							

5．实验完毕

经老师检查合格后，将天平关闭，所用烧杯、表面皿、称量瓶清理复原，在天平使用记录本上进行登记。

五、实验思考题

（1）电子天平使用前应做哪些准备工作？

（2）称量的方法有哪几种？固定质量称量法和差减称量法各适用于什么情况？

（3）天平称量的结果应记录至几位有效数字？为什么？

实验二　化学实验基本操作及溶液的配制

一、实验目的

（1）练习常用仪器的洗涤和干燥方法。

（2）了解化学试剂有关知识，掌握试剂取用和溶液配制方法。

（3）分别配制指定浓度的盐酸、氯化钠和硫酸亚铁溶液。

二、实验原理

用固体试剂配制溶液时，应先根据所需配制浓度和配制溶液量算出固体用量，称取后置于容器中，加少量溶剂，搅拌溶解，必要时加热使之溶解，然后加溶剂至所需的体积，混合均匀即成。如有较大的溶解热产生，应在烧杯中进行配制。

配制饱和溶液时，所用固体的量应稍多于计算量，加热溶解，冷却，待结晶析出后再用，这样才可以保证溶液处于饱和状态。

配制易水解的盐溶液［如 $SnCl_2$、$SbCl_3$、$Bi(NO_3)_3$ 等］时，必须先溶解在相应的酸溶液（HCl 或 HNO_3）中，以抑制水解，再稀释至所需浓度。

配制易氧化的低价金属盐类（如 $FeSO_4$、$SnCl_2$ 等），不仅需要酸化溶液，而且还应该在该溶液中加入相应的纯金属（如金属 Fe 或金属 Sn）以防止低价金属离子被氧化。

用液态试剂（或浓溶液）配制稀溶液时，应先根据液态试剂的浓度或浓溶液的浓度或密度算出所需液体的体积，量取后加所需的溶剂混合均匀即可。

三、仪器与试剂

仪器：天平、烧杯（500 mL、250 mL）、移液管（10 mL）、试剂瓶（60 mL）。

试剂：HCl（$6\ mol \cdot L^{-1}$）、NaCl（A. R）、$FeSO_4 \cdot 7H_2O$（A. R）、小铁钉等。

四、实验步骤

（1）按洗涤方法洗涤烧杯、试剂瓶、容量瓶和移液管等。

（2）要求配制浓度为 $2\ mol \cdot L^{-1}$ 的稀盐酸溶液 50 mL，计算应取盐酸的体积量，并用移液管移至试剂瓶中，补充水。

（3）要求配制浓度为 $6\ mol \cdot L^{-1}$ 的 NaCl 溶液 50 mL，计算应取固体 NaCl（A. R）的

质量，按量称取后加水搅拌溶解。

（4）要求配制浓度为 $0.2\ mol \cdot L^{-1}$ 的 $FeSO_4$ 溶液 50 mL，计算应取固体 $FeSO_4 \cdot 7H_2O$（A. R）的质量。按量称取后溶于适量水中，加入 5mL 浓 H_2SO_4，补充水，并置入小铁钉 1~2 枚。

五、思考题

（1）常见化学试剂 4 个等级的标签颜色是什么？各等级适用何范围？

（2）怎样取用固体、液体试剂？各应注意些什么？

实验三 滴定分析操作练习

一、实验目的

（1）初步掌握滴定管、容量瓶、移液管的使用方法。
（2）练习滴定操作和观察酸碱滴定终点的颜色变化。

二、实验原理

1．滴定管的使用方法

滴定管是准确测量滴定液体体积的量器。通常容积有 25 mL、50 mL 和 100 mL 3 种，最常用的是 50 mL 滴定管，最小刻度是 0.1 mL，最小刻度间可估计到 0.01mL。因此读数可达到小数点后第 2 位。

滴定管一般分为两种：酸式滴定管和碱式滴定管，如图 3-1 所示。酸式滴定管用来盛酸性溶液或氧化性溶液；碱式滴定管用来盛碱性溶液或无氧化性溶液。酸式滴定管下端有玻璃材质的活塞开关，开启活塞，溶液自管内流出，不适用装碱性溶液，因为碱性溶液能腐蚀玻璃，使活塞不能转动。碱式滴定管的下端连接一橡皮管，管内有一玻璃珠以控制溶液的流速，橡皮管下端接一尖嘴玻璃管。若将酸式滴定管的玻璃材质活塞用聚四氟乙烯代替，就变成了通用型滴定管，无论是用于盛装酸性还是碱性溶液皆可。

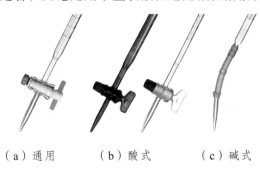

（a）通用 　　（b）酸式 　　（c）碱式

图 3-1 滴定管分类示意图

（1）滴定管的洗涤。

干净的滴定管内壁，用水湿润时应不挂水珠，否则说明还不干净。无明显油污时，先用自来水冲洗，后用滴定管刷蘸肥皂水或洗涤剂刷洗。如油污严重的，可倒入铬酸洗液 10 ~ 15 mL（碱式滴定管需先卸下橡皮管，安上一个旧橡皮滴头，再倒入洗液）荡洗（润洗）：将滴定管逐渐向管口倾斜，用两手转动滴定管，使洗液布满全管，然后打开活塞，将洗液放回原洗液瓶中。再用水冲洗干净。

（2）试漏及抹油。

酸式滴定管在使用前，还应检查活塞是否漏水，是否灵活。如不灵活或漏水，就需要抹油。

检查是否漏水的方法：在滴定管内装满自来水，直立约 2 min，仔细观察有无水滴从出口滴出或从活塞缝隙渗出。然后把活塞转动 180°，再观察一次。如无水漏出，再用蒸馏水荡洗 2~3 次即可使用。如漏水或转动不灵活，则需按下述方法重新抹油。

活塞抹油的方法：把滴定管平放在桌面上，取出活塞，将活塞及塞套分别用滤纸擦干，将酸式滴定管放平，以免使管壁上的水再次进入活塞套；用手指蘸少量凡士林在活塞的大头上沿圆周涂上薄薄一层，也可在活塞两头沿圆周涂上薄薄一层。凡士林不能涂得太多，否则会堵塞活塞孔；也不能涂得太少，以免漏液或活塞转动不灵活。在滴定管平放的情况下（不要直放，否则管里的水流下会把塞套弄湿），将抹好油的活塞插入塞套，然后向同一方向转动活塞。抹好油的活塞应该是透明的转动灵活的。如果转动不灵活或出现纹路，表示抹油不够；如果有油从活塞缝隙溢出或挤入活塞口孔，表示抹油太多。这两种情况都需重新抹油。抹油合格后，须用橡皮套将活塞套好，以防其脱落打碎。刚抹过油的滴定管必须重新试漏。

（3）装滴定剂。

为使装入滴定管中的滴定剂不被管内残留的水稀释，在装滴定剂之前，先用所装溶液荡洗 2~3 次（每次 5~6 mL）。滴定剂要直接从试剂瓶倒入管中，不要经过其他容器，以免其浓度改变或被污染。滴定管装满溶液后，如下端有气泡或有未充满部分，应及时除去。对于酸式滴定管是用右手拿住使之成约 30° 的倾斜，左手打开活塞使溶液急速流出以把气泡赶出。对于碱式滴定管，则是将玻璃珠上部的橡皮管向上弯曲，手指放在玻璃珠稍上一些的地方，用力捏压玻璃珠，使溶液从尖嘴处喷出，把气泡赶出。气泡排除后，将液面调整在 0.00~0.50 mL，记下初读数。

（4）读数。

滴定管应垂直地夹在滴定管夹上。对于无色或浅色溶液，应读溶液弯月面下沿；对于深色溶液，应读弯月面上沿。正确的读数方法：眼睛视线应与管中液面的弯月面上沿（或下沿）处于同一水平面上。有色溶液应使视线与液面两侧的最高点相切。

滴定前和滴定到终点时，各读取一个数（分别称初读数和终读数），读数都必须准确至 0.01 mL（所读数据都必须有两位小数）。终读数和初读数之差就是滴定剂的用量。每次滴定时的初读数都要调节到"0.00~0.50 mL"范围内，以减小滴定误差。

（5）滴定。

滴定前先要把悬挂在滴定管尖端的液滴除去，记下初读数。滴定时，用左手控制玻璃活塞（或捏玻璃珠稍上方），拇指在管前，食指和中指在管后，将活塞轻轻转动。转动活塞时，中指及食指应稍微弯曲，轻轻向里扣，这样既容易操作，又不致把活塞拔出。注意手心不要向里顶，以免活塞顶出而造成漏液。右手持锥形瓶，将滴定管尖端略伸入瓶口，向同一方向做圆周运动，使滴下的液滴随时反应并混合均匀。

滴定时要求成滴不成串。刚开始滴定时，滴定速度可快些，接近滴定终点时，速度应减慢，要逐滴加入，每加一滴都把溶液摇匀，观察溶液颜色的变化。至一滴或半滴加入后刚好使溶液变色且 30 s 不褪去为止（半滴即液滴未滴下之前，用洗瓶吹下少量水使之流下）。记下终读数。

2．移液管的使用方法

移液管用于准确量取一定体积的溶液。常用的有 10 mL、20 mL、25 mL 等。移液管的中间有一膨大部分，上端有环形标线。另外还有带分刻度的移液管，一般称为吸量管，它一般用于量取非整数的小体积溶液，但准确度稍差一些。

（1）洗涤。

将移液管插入洗液中，用洗耳球将洗液慢慢吸至管容积的 1/3 处。以右手食指按住管口，把管横过来旋转，使洗液布满全管，然后将洗液放回原瓶。用自来水冲洗，再用少量蒸馏水荡洗 2～3 次。

（2）移液。

移液前应倒入少许所装溶液于洁净且干燥的小烧杯中，用移液管吸取该溶液荡洗 2～3 次，以保证被吸的溶液浓度不变。移液时用左手拿洗耳球，右手拇指及中指拿住管颈标线以上的地方，当溶液被吸上升到标线以上时，迅速用右手食指紧按管口。将移液管提离液面，垂直地拿着移液管，使其出口尖端靠着容器内壁，稍松食指，同时以拇指和中指转动管身，使液面缓慢下降到与标线相切，立即紧按管口，使液体不再流出。取出移液管，把准备接受溶液的容器稍倾斜，将移液管口移入容器中，使管垂直，管尖靠着容器内壁，放开食指让溶液自由流出。待溶液不再流出时，约等 15 s，取出移液管。每取一种溶液之前，移液管都必须用蒸馏水和所移取溶液荡洗，用毕放于移液管架上。移液管使用结束后，应用自来水洗净。

目前，实验室中对定量移液要求更高的场合开始使用移液枪（移液器）。

三、仪器与试剂

仪器：天平、移液管、容量瓶、酸式滴定管、碱式滴定管、锥形瓶、量筒、烧杯、试剂瓶、洗耳球等。

试剂：浓盐酸、NaOH 固体、酚酞指示剂、甲基橙指示剂。

四、实验步骤

1．练习滴定管、容量瓶和移液管的使用方法

（1）清洗酸式滴定管、碱式滴定管、容量瓶和移液管。

（2）练习酸式滴定管旋塞涂凡士林的方法和滴定管除气泡的方法；练习酸式滴定管和碱式滴定管的滴定操作，以及控制液滴大小和滴定速度的操作。

（3）以去离子水作为实验液体，练习用移液管移取液体，放入容量瓶中，以及自烧杯转移液体至容量瓶的操作。

2．溶液配制

（1）0.1 mol·L^{-1}HCl 的配制。

用洁净的量筒量取浓盐酸 4～4.5 mL，倒入 500 mL 试剂瓶中，用去离子水稀释至 500 mL，摇匀备用。

（2）0.1 mol·L^{-1}NaOH 的配制。

在天平上称取固体 NaOH 2.5～3 g 于烧杯中，用不含 CO_2 的去离子水迅速冲洗一次，弃去冲洗液，再重复一次。将冲洗好的 NaOH 用 50 mL 去离子水溶解，转入 500 mL 试剂瓶中，再加 450 mL 去离子水，摇匀备用。

3．酸碱滴定终点颜色变化的观察

（1）以酚酞为指示剂。

用移液管吸取 25.00 mL 的 0.1 mol·L^{-1}HCl 溶液于 250 mL 锥形瓶中，加入 1～2 滴酚酞指示剂，用 0.1 mol·L^{-1}NaOH 溶液滴定。开始滴定时，滴定剂可一滴接一滴地滴入（但不要连成线）；当接近终点时，应逐滴加入，每加入一滴碱液都要把溶液摇匀，并观察粉红色是否立即褪去。如果粉红色褪去较慢时，要半滴半滴地滴加，直到粉红色在半分钟内不消失，即为终点。然后再由酸式滴定管加入少量 0.1 mol·L^{-1}HCl 溶液，此时粉红色褪去，再按上述方法用 0.1 mol·L^{-1}NaOH 溶液滴定到终点。如此反复练习滴定操作并观察滴定终点颜色的突变。

（2）以甲基橙为指示剂。

用移液管移取 25.00 mL 的 0.1 mol·L^{-1}NaOH 溶液于 250 mL 锥形瓶中，加入 1～2 滴甲基橙指示剂，用 0.1 mol·L^{-1}HCl 溶液滴定，滴定时要不停地摇动锥形瓶。当接近终点时，应逐滴加入酸溶液，每加入一滴酸液都要把溶液摇匀，直到加入半滴 HCl 溶液后，溶液由黄色变为橙色，即为终点。然后再由碱式滴定管加入少量 0.1 mol·L^{-1}NaOH 溶液，此时溶液又变为黄色。再用 0.1 mol·L^{-1}HCl 溶液滴定至溶液呈现橙色为止。如此反复练习滴定操作并观察滴定终点颜色的变化。

五、问题与讨论

（1）在进行滴定分析时，哪些器皿需要用溶液润洗，哪些器皿不能用溶液润洗？

（2）在实验时，为什么体积的测量有时要很准确，有时则不需要很准确？哪些量器是准确的，哪些量器是不很准确的？

实验四　粗硫酸铜的提纯

一、实验目的

（1）通过氧化、水解等反应，了解提纯硫酸铜的原理和方法。
（2）学习和掌握溶解、过滤、蒸发和结晶等基本操作。

二、预备知识

1．常压过滤

常压过滤是最为简便和常用的过滤方式，过滤速度较慢。将适合大小的圆形滤纸对折2次，撑开成圆锥状（一边3层，一边1层）放入玻璃漏斗中，保证滤纸边缘略低于漏斗边缘，调整滤纸的折痕使滤纸与漏斗内壁贴合，加入少量去离子水湿润滤纸，轻压滤纸赶走气泡。再将漏斗置于漏斗架上，使漏斗颈紧靠滤液接收容器内壁。玻璃棒贴近3层滤纸的一边，将沉淀上清液沿玻璃棒小心转入漏斗中过滤。注意一次倾入的溶液不可超过滤纸的2/3，以免沉淀因毛细作用越过滤纸边缘。直至溶液转移完毕。

2．减压过滤

减压过滤是利用真空泵中急速水流不断将空气带走，使吸滤瓶内造成负压，加快过滤速度。减压过滤装置由布氏漏斗、抽滤瓶（吸滤瓶）、真空泵等组成。布氏漏斗是过滤面有很多小孔的瓷质漏斗，使用时内铺略小于漏斗内径，又能将瓷孔全部盖住的滤纸。

减压过滤时通过橡皮塞将布氏漏斗装紧在吸滤瓶的口上，吸滤瓶的支管与真空泵的橡皮管相接，布氏漏斗颈下端的斜口应该面对（不是背对）吸滤瓶的支管，将滤纸放入漏斗并用蒸馏水润湿后，打开真空泵，先抽气使滤纸贴紧漏斗，然后才能往漏斗内转移溶液，溶液全部转移完后应继续抽吸至沉淀干燥，为使沉淀抽得更干，可用塞子或小烧杯底部紧压漏斗内的沉淀物。在停止过滤时，应先拔去连接吸滤瓶的橡皮管，然后再关掉真空泵。

3．热过滤

当溶液中的溶质在温度下降时容易析出大量结晶，而我们又不希望它在过滤过程中留在滤纸上，这时就要保持溶液的温度在一定的范围内进行过滤。热过滤有普通热过滤和减压热过滤两种。普通热过滤是将短颈普通漏斗放在铜质的热漏斗内，铜质热漏斗内装有热水，以维持必要的温度。减压热过滤是先将滤纸放在布氏漏斗内并润湿之，再将它放在水浴上以热水或蒸汽加热，然后快速完成过滤操作。

三、实验原理

粗 $CuSO_4$ 中常含有不溶性杂质和可溶性杂质 $FeSO_4$ 和 $Fe_2(SO_4)_3$ 等。本实验将待提纯的粗 $CuSO_4$ 溶于适量水，用 H_2O_2 作氧化剂，使其中的 Fe^{2+} 氧化成 Fe^{3+}，再用 NaOH 调节溶液的 pH = 4，使 Fe^{3+} 水解为 $Fe(OH)_3$ 沉淀，在过滤时和其他不溶性杂质一起被除去。有关反应方程式如下：

$$2Fe^{2+}+2H^{+}+H_2O_2 == 2Fe^{3+}+2H_2O$$
$$Fe^{3+}+3H_2O == Fe(OH)_3\downarrow + 3H^+$$

溶液的 pH 值越高，Fe^{3+} 除得越干净。但 pH 值过高时 Cu^{2+} 也会水解，本实验中当溶液的 pH > 4.17 时，就会有 Cu（OH）$_2$ 开始析出（具体计算方法可参考相关教科书）。

$$Cu^{2+}+2H_2O == Cu(OH)_2\downarrow +2H^+$$

特别是在加热的情况下，其水解程度更大，这样就会降低硫酸铜的产率。要做到既清除铁，又不降低硫酸铜的产率，就必须把溶液的 pH 调到适当的范围内，本实验控制在 $pH \approx 4$。

除去铁的滤液经加热蒸发、浓缩，使 $CuSO_4$ 在有适量溶液存在的情况下结晶析出，其他微量的可溶性杂质则留在母液中，通过减压抽滤而除去。

产品中的 Fe^{3+} 是否除净，可用 KSCN 溶液进行检验：

$$Fe^{3+} + nSCN^{-1} == [Fe(NCS)_n]^{(3-n)} \quad （n = 1 \sim 6）$$
$$血红色$$

四、仪器与试剂

仪器：真空泵、布氏漏斗、抽滤瓶、台天平、酒精灯、三脚架、石棉网、蒸发皿、烧杯、量筒、试管等。

试剂与材料：H_2SO_4（1 mol·L^{-1}）、H_2O_2（3%）、KSCN（0.1 mol·L^{-1}）、NaOH（0.5 mol·L^{-1}）、粗硫酸铜、pH 试纸、滤纸等。

五、实验步骤

1．称量和溶解

称取 5 g 左右的粗 $CuSO_4$，放入洁净的 100 mL 烧杯中，用量筒加入 25～30 mL 去离子水，置石棉网上加热并用玻璃棒搅拌至完全溶解。

2．加热氧化和沉淀

在上述粗 $CuSO_4$ 溶液中加几滴 1 mol·L^{-1} H_2SO_4 酸化，在边加热、边搅拌下滴加 1 mL

3% 的 H_2O_2 使 Fe^{2+} 氧化为 Fe^{3+}，若溶液无小气泡产生，说明 H_2O_2 分解完全，最好是温度控制在 20～30 ℃ 时滴加，防止 H_2O_2 受热过快分解。再逐滴加入 0.5 mol·L^{-1} NaOH 溶液至 pH≈4（用 pH 试纸检验），再加热片刻，静置沉降。用玻璃棒蘸取少量溶液于点滴板上，加入 0.1 mol·L^{-1} KSCN 1 滴，如果呈现红色，说明 Fe^{3+} 未沉淀完全，须继续往烧杯中滴加 NaOH 溶液。

3．常压过滤

将反应完的溶液进行常压过滤，以除去生成的 $Fe(OH)_3$ 沉淀和不溶性杂质。将烧杯中的上层清液小心沿玻棒转入漏斗中进行过滤，残存在烧杯内的沉淀用少量去离子水（不要超过 5mL）洗涤 1 次，将洗涤液也倒入漏斗中过滤。依然残留在烧杯内的沉淀不必倒入漏斗中，可以弃去。注意，接受滤液的容器要用干净的蒸发皿，不要用烧杯。过滤完毕，将滤纸连同沉淀一起投入废物缸内。

4．蒸发结晶。

往滤液中滴加 1 mol·L^{-1} H_2SO_4 调节 pH 值为 1～2，然后放在石棉网上小火加热（切勿加热过猛以免飞溅），并不断用玻棒搅拌溶液，使滤液蒸发。当溶液表面出现一层结晶膜时，停止加热，让蒸发皿冷却至室温，可得到 $CuSO_4$·$5H_2O$ 晶体与少量母液共存的混合物。

5．减压过滤

装配好减压过滤装置,将蒸发皿中的结晶和母液一起全部转移到布氏漏斗内进行抽滤。晶体尽量在滤纸上平摊成饼状，并用玻棒轻轻按压漏斗中的晶体，使残液尽量被抽干。

抽滤完毕，先打开安全阀，再取下抽气皮管。取出漏斗中的晶体，并将晶体夹在两张干滤纸之间，轻轻按压吸干其表面上的水分。抽滤瓶中的母液可倒入废液缸弃去。

6．产率计算和质量检验

用电子天平上称出产品的质量，并计算其产率。

取少量产品在试管中溶解，滴加 1 滴 KSCN，如果不出现红色，说明产品合格。

六、实验思考题

（1）结晶时滤液为什么不可蒸干？
（2）粗 $CuSO_4$ 溶液中的 Fe^{2+} 为什么要氧化成 Fe^{3+}？
（3）加 NaOH 除 Fe^{3+} 时为什么溶液的 pH 值要调到 4？

实验五 电离平衡和沉淀反应

一、实验目的

（1）理解弱电解质的电离平衡及平衡移动原理。
（2）加深对缓冲溶液的性质的理解。
（3）熟悉盐类水解反应的一般规律。
（4）了解难溶电解质的多相离子平衡及溶度积规则的运用。

二、实验原理

弱酸和弱碱在水溶液中是部分电离的，因此，相同浓度的强酸强碱与弱酸弱碱的 pH 值不同。若 AB 为弱酸或弱碱，则在水溶液中存在下列电离平衡：

$$AB \rightleftharpoons A^+ + B^-$$

如果在此平衡体系中，加入含有相同离子的另一强电解质，则弱电解质的电离度降低，这种效应叫作同离子效应。

由弱酸及其盐，或弱碱及其盐组成的混合溶液，能在一定程度上对外来的酸或碱起缓冲作用，即加入少量酸或碱时，此混合溶液的 pH 值变化不大，这种溶液叫作缓冲溶液。

盐类的水解反应是由组成盐的离子和水电离出来的 H^+ 或 OH^- 作用，生成弱碱或弱酸，并破坏水的电离平衡。水解反应往往使溶液显酸性或显碱性。一般水解反应是吸热反应，所以加热会促进水解反应的进行。若 CD 为难溶电解质，在其饱和溶液中存在下列平衡：

$$CD(s) \rightleftharpoons C^+_{(aq)} + D^-_{(aq)}$$

其平衡常数表达式为 $K_{sp} = [C^+] \cdot [D^-]$。$K_{sp}$ 为难溶电解质 CD 的溶度积。

当 $[C^+] \cdot [D^-] > K_{sp}$ 时，有沉淀析出；

当 $[C^+] \cdot [D^-] = K_{sp}$ 时，溶液达到饱和；

当 $[C^+] \cdot [D^-] < K_{sp}$ 时，溶液未饱和，沉淀将继续溶解。

这就是溶度积规则。它常应用于分步沉淀、沉淀的溶解和沉淀的转化等方面。

在难溶电解质的饱和溶液中，加入含有相同离子的另一种电解质时，能使难溶电解质的溶解度降低，这也称为同离子效应。

三、仪器和试剂

仪器：烧杯（50 mL）、量筒（10 mL）、试管（十二支）、试管架、试管夹、玻璃棒，其他：广泛 pH 试纸等。

试剂有：

酸：HCl（0.1 mol·L^{-1}，2 mol·L^{-1}）；

HAc（0.1 mol·L^{-1}，1 mol·L^{-1}）。

碱：NaOH（0.1 mol·L^{-1}）；

NH$_3$·H$_2$O（0.1 mol·L^{-1}，2 mol·L^{-1}，6 mol·L^{-1}）。

盐：BiCl$_3$（0.1 mol·L^{-1}）；

MgCl$_2$（0.1 mol·L^{-1}）；

NaCl（1 mol·L^{-1}，0.1 mol·L^{-1}，0.01 mol·L^{-1}）；

NH$_4$Cl（0.1 mol·L^{-1}，1 mol·L^{-1}）；

KI（0.01 mol·L^{-1}）；

AgNO$_3$（0.1 mol·L^{-1}）；

Pb(NO$_3$)$_2$（0.05 mol·L^{-1}）；

NaAc（固，1 mol·L^{-1}，0.1 mol·L^{-1}）；

NH$_4$Ac（固，0.1mol·L^{-1}）；

K$_2$CrO$_4$（0.1 mol·L^{-1}）。

指示剂：

甲基橙（0.1%）；

酚酞（0.1%）。

四、实验内容

1．溶液 pH 值的测定

下列各溶液的浓度均为 0.1 mol·L^{-1}，试用广泛 pH 试纸测定它们的 pH 值。将实验结果按 pH 值大小顺序排列。

HCl　　HAc　　NH$_3$·H$_2$O　　NaOH　　NaAc　　NH$_4$Ac　　H$_4$Cl

2．同离子效应

（1）在试管中加入 2 mL 的 0.1 mol·L^{-1} NH$_3$·H$_2$O 溶液，并加入一滴酚酞溶液，观察溶液颜色。再加入少量 NH$_4$Ac 固体，摇动试管使之溶解，观察溶液颜色变化。说明原因。

（2）在试管中加入 2 mL 的 0.1 mol·L^{-1} HAc 溶液，并加入一滴甲基橙溶液，观察溶液颜色。再加入少量 NH$_4$Ac 固体，摇动试管使之溶解。观察溶液颜色变化，并解释之。

3．缓冲溶液

（1）往两支试管中各加入 3 mL 蒸馏水，用 pH 试纸测定其 pH 值。再分别加入 5 滴 0.1 mol·L^{-1} HCl 溶液或 0.1 mol·L^{-1} NaOH 溶液，再用 pH 试纸测定其 pH 值。

（2）往小烧杯中加入 1 mol·L^{-1} HAc 溶液和 1 mol·L^{-1} NaAc 溶液各 5 mL（用量筒尽可能准确地量取），用玻璃棒搅匀，配制成 HAc-NaAc 缓冲溶液。用 pH 试纸测定其 pH 值，并与理论计算值相比较。

（3）取 3 支试管，各加入上面配制的缓冲溶液 3 mL，然后分别加入 5 滴 0.1 mol·L^{-1} HCl 溶液、5 滴 0.1 mol·L^{-1} NaOH 溶液和 5 滴蒸馏水。再用 pH 试纸分别测定它们的 pH 值，并与原缓冲溶液的 pH 值比较。

（4）另取一个烧杯，按上述方法改用 3 mL 的 2 mol·L^{-1} NH$_3$·H$_2$O 和 6 mL 的 1 mol·L^{-1} NH$_4$Cl 溶液配制成 NH$_3$·H$_2$O-NH$_4$Cl 缓冲溶液，试验其缓冲性能。

4．盐类的水解

（1）往一支试管中加入少量 NaAc 固体及 4 mL 蒸馏水，摇荡试管，使 NaAc 溶解，再滴入一滴酚酞溶液，然后将溶液加热至沸，观察溶液的颜色变化，并解释之。

（2）在试管中加入 5 滴 0.1 mol·L^{-1} BiCl$_3$ 溶液，然后加入 2 mL 蒸馏水，观察沉淀的产生。再滴加 2 mol·L^{-1} HCl 溶液，观察沉淀是否溶解，解释之。

5．沉淀反应与溶度积规则的应用

（1）在试管中加入 20 滴 0.05 mol·L^{-1} Pb(NO$_3$)$_2$ 溶液，然后慢慢滴加 10 滴 1 mol·L^{-1} NaCl 溶液，摇动试管，观察是否有沉淀生成。

在另一支试管中加入 20 滴 0.05 mol·L^{-1} Pb(NO$_3$)$_2$ 溶液，然后慢慢滴加 10 滴 0.01 mol·L^{-1} NaCl 溶液，观察是否有沉淀。再向此溶液中慢慢滴加 0.01 mol·L^{-1} KI 溶液，观察是否有沉淀。解释观察到的现象。

（2）在试管中加入 0.1 mol·L^{-1} NaCl 和 0.1 mol·L^{-1} K$_2$CrO$_4$ 溶液各 10 滴，然后逐滴加入 0.1 mol·L^{-1} AgNO$_3$ 溶液，不断摇动试管，观察沉淀的形成和沉淀的颜色。解释之。

（3）在试管中加入 10 滴 0.1 mol·L^{-1} AgNO$_3$ 溶液和 10 滴 0.1 mol·L^{-1} K$_2$CrO$_4$ 溶液，振荡并观察沉淀的颜色。再向此溶液中滴加 0.1 mol·L^{-1} NaCl 溶液，边加边振荡，直到砖红色沉淀消失，白色沉淀生成为止。解释观察到的现象。

（4）在试管中加入 2 mL 的 0.1 mol·L^{-1} MgCl$_2$ 溶液，并加入 6 mol·L^{-1} NH$_3$·H$_2$O 数滴，观察现象。再向此溶液滴加 1 mol·L^{-1} NH$_4$Cl 溶液，摇荡，观察沉淀的变化。

五、思考题

（1）同离子效应对弱电解质的电离度及难溶电解质的溶解度有何影响？

（2）试解释缓冲溶液的缓冲作用。

（3）用溶度积规则解释实验内容 5 中的现象。

实验六　化学反应速率、反应级数和活化能的测定

一、实验目的

（1）了解浓度、温度和催化剂对反应速率的影响。

（2）测定过二硫酸铵与碘化钾反应的平均反应速率、反应级数和活化能。

二、实验原理

在水溶液中，过二硫酸铵会与碘化钾发生反应，反应的离子方程式为

$$S_2O_8^{2-} + 3I^- \Longrightarrow 2SO_4^{2-} + I_3^- \qquad (6\text{-}1)$$

该反应的平均反应速率与反应物物质的量的浓度的关系可用下式表示：

$$v = \frac{-\Delta c(S_2O_8^{2-})}{\Delta t} \approx k c(S_2O_8^{2-})^m \cdot c(I^-)^n$$

式中，$\Delta c(S_2O_8^{2-})$ 为 $S_2O_8^{2-}$ 在 Δt 时间内物质的量浓度的改变值；$c(S_2O_8^{2-})$、$c(I^-)^n$ 分别为两种离子初始物质的量浓度，$\text{mol} \cdot \text{L}^{-1}$；$k$ 为反应速率常数；m 和 n 为反应级数。

为了能够测出 $\Delta c(S_2O_8^{2-})$，在混合 $(NH_4)_2S_2O_8$ 和 KI 溶液时，同时加入一定体积的已知浓度的 $Na_2S_2O_3$ 溶液和作为指示剂的淀粉溶液，这样在反应（6-1）进行的同时，也发生如下反应：

$$2S_2O_3^{2-} + I_3^- \Longrightarrow S_2O_6^{2-} + 3I^- \qquad (6\text{-}2)$$

反应（6-2）比反应（6-1）进行得快得多，几乎瞬间完成。所以反应（6-1）生成的 I_3^- 立即会与 $S_2O_3^{2-}$ 作用生成无色的 $S_2O_6^{2-}$ 和 I^-。因此，在反应开始阶段，看不到碘与淀粉作用而产生的特有的蓝色。一旦 $Na_2S_2O_3$ 耗尽，反应（6-1）继续生成的微量 I_3^- 立即使淀粉溶液显示蓝色。所以蓝色的出现就标志着反应（6-2）的完成。

从反应方程式（6-1）、（6-2）的计量关系可以看出，$S_2O_8^{2-}$ 物质的量浓度减少的量等于 $S_2O_3^{2-}$ 物质的量浓度减少量的一半，即

$$\Delta c(S_2O_8^{2-}) = \frac{\Delta c(S_2O_3^{2-})}{2}$$

当溶液显示蓝色时 $S_2O_3^{2-}$ 已全部耗尽，所以 $\Delta c(S_2O_3^{2-})$ 实际上就是反应开始时 $Na_2S_2O_3$ 的初始物质的量浓度。只要记下从反应开始到溶液出现蓝色所需要的时间，就可以求算反

应（6-1）的平均反应速率 $\dfrac{-\Delta c(S_2O_8^{2-})}{\Delta t}$。

在固定 $\Delta c(S_2O_3^{2-})$，改变 $c(S_2O_8^{2-})$ 和 $c(I^-)$ 的条件下进行一系列实验，测得不同条件下的反应速率，就能根据 $v = kc(S_2O_8^{2-})^m \cdot c(I^-)^n$ 的关系推出反应的反应级数。

再由下式可进一步求出反应常数 k 为

$$k = \frac{v}{c(S_2O_8^{2-})^m c(I^-)^n}$$

根据阿仑尼乌斯公式，反应速率常数 k 与反应温度 T 有如下关系

$$\lg k = \frac{-E_a}{2.303RT} + \lg A$$

式中，E_a 为反应的活化能；R 为气体常数；T 为绝对温度。因此，只要测得不同温度时的 k 值，以 $\lg k$ 对 $1/T$ 作图可得一条直线，由直线的斜率可求得反应的活化能 E_a。

三、仪器和试剂

仪器：冰箱、秒表、温度计（273 ~ 373 K）。

试剂：KI（$0.20\ \text{mol} \cdot \text{L}^{-1}$），$(NH_4)_2S_2O_8$（$0.20\ \text{mol} \cdot \text{L}^{-1}$），$Na_2S_2O_3$（$0.010\ \text{mol} \cdot \text{L}^{-1}$），$KNO_3$（$0.20\ \text{mol} \cdot \text{L}^{-1}$），$(NH_4)_2SO_4$（$0.20\ \text{mol} \cdot \text{L}^{-1}$），$Cu(NO_3)_2$（$0.020\ \text{mol} \cdot \text{L}^{-1}$），淀粉（质量分数为 0.2%），冰。

四、实验步骤

1. 浓度对反应速率的影响

室温下按如表 6-1 所示编号 1 的用量分别量取 KI、淀粉、$Na_2S_2O_3$ 溶液于 150 mL 烧杯中，用玻璃棒搅拌均匀。再量取 $(NH_4)_2S_2O_8$ 溶液，迅速加到烧杯中，同时按动秒表，立即用玻璃棒将溶液搅拌均匀。观察溶液，刚一出现蓝色，立即停止计时。记录反应时间。

表 6-1　浓度对反应速率的影响数据记录表

	实验编号	1	2	3	4	5
试剂用量/mL	$0.20\ \text{mol} \cdot \text{L}^{-1}$ KI	20	20	20	10	5
	质量分数为 0.2% 淀粉溶液	4.0	4.0	4.0	4.0	4.0
	$0.010\ \text{mol} \cdot \text{L}^{-1}\ Na_2S_2O_3$	8.0	8.0	8.0	8.0	8.0
	$0.20\ \text{mol} \cdot \text{L}^{-1}\ KNO_3$	—	—	—	10	15
	$0.20\ \text{mol} \cdot \text{L}^{-1}\ (NH_4)_2SO_4$	—	10	15	—	—
	$0.20\ \text{mol} \cdot \text{L}^{-1}\ (NH_4)_2S_2O_8$	20	10	5.0	20	20

用同样方法对编号 2～5 进行实验。为了使溶液的离子强度和总体积保持不变，在实验编号 2～5 中所减少的 KI 或 $(NH_4)_2S_2O_8$ 的量分别用 KNO_3 和 $(NH_4)_2SO_4$ 溶液补充。

2．温度对反应速率的影响

按表中实验编号 4 的用量分别加 KI、淀粉、$Na_2S_2O_3$ 和 KNO_3 溶液于 150 mL 烧杯中，搅拌均匀。在一个大试管中加入 $(NH_4)_2S_2O_8$ 溶液，将烧杯和试管中的溶液温度控制在 283 K 左右，把试管中的 $(NH_4)_2S_2O_8$ 迅速倒入烧杯中，搅拌，记录反应时间和温度。

3．催化剂对反应速率的影响

按表中实验 4 的用量分别加 KI、淀粉、$Na_2S_2O_3$ 和 KNO_3 溶液于 150 mL 烧杯中，再加入 2 滴 $Cu(NO_3)_2$ 溶液，搅拌均匀，迅速加入 $(NH_4)_2S_2O_8$ 溶液，搅拌，记录反应时间。

五、数据记录

1．浓度对反应速率的影响

将相关数据记录于如表 6-2 所示中。

表 6-2　浓度对反应速率的影响数据记录表

实验编号		1	2	3	4	5
起始浓度/ $(mol \cdot L^{-1})$	$(NH_4)_2S_2O_8$					
	KI					
	$Na_2S_2O_3$					
反应时间 $\Delta t/s$						
速率常数 k						

2．温度对反应速率的影响

将相关数据记录于如表 6-3 所示中。

表 6-3　温度对反应速率的影响数据记录表

实验编号	反应温度 T/K	$1/T$	反应时间 t/s	速率常数 k	$\lg k$

3．催化剂对反应速率的影响

将相关数据记录于如表 6-4 所示中。

表 6-4 催化剂对反应速率的影响数据记录表

实验编号	加入 0.02 mol·L^{-1}Cu(NO$_3$)$_2$ 的滴数	反应时间 t/s

以 lg k 对 $1/T$ 作图可得一条直线，由直线的斜率可以求出反应的活化能 E_a。
根据实验结果讨论浓度、温度、催化剂对反应速率及速率常数的影响。

六、思考题

（1）在向 KI、淀粉和 Na$_2$S$_2$O$_3$ 混合溶液中加入(NH$_4$)$_2$S$_2$O$_8$ 时，为什么必须越快越好？预习化学反应速率理论以及浓度、温度和催化剂对反应速率的影响等有关内容。

（2）在加入(NH$_4$)$_2$S$_2$O$_8$ 时，先计时后搅拌或者先搅拌后计时，对实验结果有什么影响？

实验七　硫酸亚铁铵的制备及纯度分析

一、实验目的

（1）根据有关原理及数据设计并制备复盐硫酸亚铁铵。
（2）掌握水浴加热、溶解、过滤、蒸发、结晶等基本操作。
（3）了解检验产品中杂质含量的一种方法——目视比色法。

二、实验原理

硫酸亚铁铵又称摩尔盐，是浅蓝绿色单斜晶体，能溶于水，但难溶于乙醇。在空气中它不易被氧化，比硫酸亚铁稳定，所以在化学分析中可作为基准物质，用来直接配制标准溶液或标定未知溶液浓度。

由硫酸铵、硫酸亚铁和硫酸亚铁铵在水中的溶解度数据（见表7-1）可知，在一定温度范围内，硫酸亚铁铵的溶解度比组成它的每一组分的溶解度都小。因此，很容易从浓的硫酸亚铁和硫酸铵混合溶液中制得结晶状的摩尔盐：$FeSO_4 \cdot (NH_4)_2SO_4 \cdot 6H_2O$。在制备过程中，为了使$Fe^{2+}$不被氧化和水解，溶液需保持足够的酸度。

表 7-1　几种盐的溶解度数据　　　　　　　单位：g/(100 g H₂O)

盐的相对分子质量	10 °C	20 °C	30 °C	40 °C
$M_{(NH_4)_2SO_4}=132.1$	73.0	75.4	78.0	81.0
$M_{FeSO_4 \cdot 7H_2O}=277.9$	37.0	48.0	60.0	73.3
$M_{(NH_4)_2SO_4 \cdot FeSO_4 \cdot 6H_2O}=392.1$		36.5	45.0	53.0

本实验是先将金属铁屑溶于稀硫酸制得硫酸亚铁溶液：

$$Fe+H_2SO_4 \Longrightarrow FeSO_4+H_2 \uparrow$$

然后加入等物质的量的硫酸铵制得混合溶液，加热浓缩，冷至室温，便析出硫酸亚铁铵复盐。

$$FeSO_4+(NH_4)_2SO_4+6H_2O \Longrightarrow FeSO_4 \cdot (NH_4)_2SO_4 \cdot 6H_2O$$

目视比色法是确定杂质含量的一种常用方法，在确定杂质含量后便能定出产品的级别。将产品配成溶液，与各标准溶液进行比色，如果产品溶液的颜色比某一标准溶液的颜色浅，就可确定杂质含量低于该标准溶液中的含量，即低于某一规定的限度，所以这种方法又称为限量分析。本实验仅做摩尔盐中 Fe^{3+} 的限量分析。

三、仪器与试剂

仪器：台式天平，锥形瓶（150 mL），烧杯，量筒（10 mL、50 mL），漏斗，漏斗架，蒸发皿，布氏漏斗，吸滤瓶，酒精灯，表面皿，水浴（可用大烧杯代替），比色管（25 mL）。

试剂：$0.010\ 0\ mg \cdot mL^{-1}$ 标准 Fe^{3+} 溶液：称取 $0.086\ 4\ g$ 分析纯硫酸高铁铵 $Fe(NH_4)(SO_4)_2 \cdot 12H_2O$ 溶于 3 mL 的 $2\ mol \cdot L^{-1}$ HCl 并全部转移到 1 000 mL 容量瓶中，用去离子水稀释到刻度，摇匀。

$2\ mol \cdot L^{-1}$ HCl、$3\ mol \cdot L^{-1}$ H_2SO_4、$1\ mol \cdot L^{-1}$ KSCN、固体 $(NH_4)_2SO_4$、Na_2CO_3、铁屑、95% 乙醇、pH 试纸。

四、实验内容和步骤

1．铁屑的净化

即去除铁屑油污。称取铁屑 2.0 g 放入小烧杯中，加入 15 mL 质量分数 10% Na_2CO_3 溶液。缓缓加热约 10 min 后，倒去 Na_2CO_3 碱性溶液，用自来水冲洗铁屑后，再用去离子水冲洗一次。

2．硫酸亚铁的制备

往盛有 2.0 g 洁净铁屑的小烧杯中加入 15 mL 的 $3\ mol \cdot L^{-1}$ H_2SO_4 溶液，盖上表面皿进行加热。在加热过程中应不时补加少量去离子水，防止 $FeSO_4$ 结晶析出；同时要控制溶液的 pH 值不大于 1。当铁屑与稀硫酸反应至不再有气泡冒出时，趁热用普通漏斗过滤，滤液承接于洁净的蒸发皿中。将留在小烧杯中及滤纸上的残渣取出，用滤纸片吸干后称量。根据已反应的铁屑质量，计算溶液中 $FeSO_4$ 的理论产量。

3．硫酸亚铁铵的制备

根据步骤 2 所得 $FeSO_4$ 的理论产量计算所需固体 $(NH_4)_2SO_4$ 的用量。在室温下将称出的 $(NH_4)_2SO_4$ 加入上一步制得的 $FeSO_4$ 溶液中，在水浴上加热搅拌使 $(NH_4)_2SO_4$ 全部溶解。调节 pH 值为 1～2，继续蒸发浓缩至溶液表面刚出现薄薄的结晶。将蒸发皿从水浴锅中取出，放置冷却时即有硫酸亚铁铵晶体析出。待冷至室温后用布氏漏斗减压过滤，用少量乙醇洗去晶体表面所附着的水分。将晶体取出，置于两张洁净的滤纸之间，并轻压以吸干母液；称量后计算理论产量和产率。

4．产品检验

Fe^{3+} 的分析：称取 1.0 g 产品置于 25 mL 比色管中，加入 15 mL 不含氧的去离子水溶解，加入 2 mL 的 $2\ mol \cdot L^{-1}$ HCl 和 1mL 的 $1\ mol \cdot L^{-1}$ KSCN 溶液，摇匀后继续加去离子水稀

释至刻度，充分摇匀。将所呈现的红色与下列标准溶液进行目视比色，确定 Fe^{3+} 含量及产品标准。

在 3 支 25mL 比色管中分别加入 2 mL 的 2 mol·L^{-1} HCl 和 1 mL 的 1 mol·L^{-1} KSCN 溶液，再用移液管分别加入标准 Fe^{3+} 溶液（0.010 0 mg·mL^{-1}）5 mL、10 mL、20 mL，加不含氧的去离子水稀释溶液到刻度并摇匀。上述 3 支比色管中溶液 Fe^{3+} 含量所对应的硫酸亚铁铵试剂规格分别为含 Fe^{3+} 0.05 mg 的符合一级品标准，含 Fe^{3+} 0.10 mg 的符合二级品标准，含 Fe^{3+} 0.20 mg 的符合三级品标准。

五、思考题

（1）为什么制备硫酸亚铁铵晶体时，溶液必须是酸性？

（2）硫酸亚铁铵晶体从母液中析出并经抽气过滤后，为什么还要用酒精洗涤？

（3）如何获得不含氧的去离子水？

（4）计算硫酸亚铁铵的理论产量时，应该以哪一种物质的用量为准？

实验八 铁化合物三草酸合铁（Ⅲ）酸钾的制备

一、实验目的

（1）了解配合物的一般制备方法。
（2）掌握水浴加热、非水溶剂洗涤、减压过滤等实验操作方法。
（3）培养综合应用实验基础知识的能力。

二、实验原理

三草酸合铁（Ⅲ）酸钾，化学式 $K_3[Fe(C_2O_4)_3]\cdot 3H_2O$（CAS 号：5936-11-8），为翠绿色单斜晶体，溶于水（100 g 水中溶解度：0 ℃ 时，4.7 g；100 ℃ 时，117.7 g），难溶于乙醇、丙酮。在 110 ℃ 下失去 3 分子结晶水而成为 $K_3[Fe(C_2O_4)_3]$，230 ℃ 时分解。该配合物对光敏感，光照下即发生分解：

$$2K_3[Fe(C_2O_4)_3] \xrightarrow{\text{光照}} 3K_2C_2O_4 + 2FeC_2O_4 + 2CO_2$$
$$（黄色）$$

三草酸合铁（Ⅲ）酸钾是制备负载型活性铁催化剂的主要原料，也是一些有机反应的良好催化剂，在工业上具有一定的应用价值。其合成工艺路线有多种，可用三氯化铁或硫酸铁与草酸钾直接合成三草酸合铁（Ⅲ）酸钾，也可以铁为原料制得三草酸合铁（Ⅲ）酸钾。

本实验以实验七制得的硫酸亚铁铵为原料，加草酸钾形成草酸亚铁，再经氧化结晶得三草酸合铁（Ⅲ）酸钾。首先，将适量的硫酸亚铁铵在酸性条件下加热溶解，在不断搅拌下加入过量草酸，加热至沸，静置生成黄色草酸亚铁沉淀；再在双氧水氧化的条件下和草酸钾配位生成三草酸合铁（Ⅲ）酸钾和红褐色氢氧化铁沉淀；最后补充适量草酸和草酸钾使氢氧化铁沉淀转化为三草酸合铁（Ⅲ）酸钾。其反应方程式如下：

$$(NH_4)_2Fe(SO_4)_2 + H_2C_2O_4 + 2H_2O \Longrightarrow FeC_2O_4 \cdot 2H_2O\downarrow + (NH_4)_2SO_4 + H_2SO_4 \qquad (8\text{-}1)$$

$$6FeC_2O_4 \cdot 2H_2O + 3H_2O_2 + 6K_2C_2O_4 \Longrightarrow 4K_3[Fe(C_2O_4)_3] \cdot 3H_2O + 2Fe(OH)_3 \qquad (8\text{-}2)$$

$$2Fe(OH)_3 + 3H_2C_2O_4 + 3K_2C_2O_4 \Longrightarrow 2K_3[Fe(C_2O_4)_3] \cdot 3H_2O \qquad (8\text{-}3)$$

所得的产物可通过定性和定量分析进行检验。定性分析可采用化学分析法，K^+ 与 $Na_3[Co(NO_2)_6]$ 在中性或稀醋酸介质中，生成亮黄色的 $K_2Na[Co(NO_2)_6]$ 沉淀：

$$2K^+ + Na^+ + [Co(NO_2)_6]^{3-} = K_2Na[Co(NO_2)_6]（s）$$

Fe^{3+}可与 KSCN 反应，生成血红色 $Fe(NCS)_n^{3-n}$；$C_2O_4^{2-}$ 与 Ca^{2+} 生成白色沉淀 CaC_2O_4，由此可判断 Fe^{3+}、$C_2O_4^{2-}$ 处于配合物的内层还是外层。

三、仪器与试剂

仪器：电子天平、恒温水浴锅、水循环真空泵、抽滤装置、烘箱、干燥器、烧杯、量筒、表面皿、玻璃棒等。

试剂：$(NH_4)_2 \cdot Fe(SO_4)_2 \cdot 6H_2O$、$H_2C_2O_4$、$K_2C_2O_4$、$H_2O_2$（6%）、$H_2SO_4$（2 mol·$L^{-1}$）、$NH_4SCN$（0.1 mol·$L^{-1}$）、锌片、$CaCl_2$（0.5 mol·$L^{-1}$）、$FeCl_3$（0.1 mol·$L^{-1}$）、95% 乙醇、丙酮等。

四、实验步骤

1．黄色铁化合物的制备

称取 6.0 g $(NH_4)_2Fe(SO_4)_2 \cdot 6H_2O$ 放入 250 mL 烧杯中，加入 1.0 mL 的 2 mol·L^{-1} H_2SO_4 和 20 mL 去离子水，加热使其溶解。另称取 3.0 g $H_2C_2O_4 \cdot 2H_2O$ 放入 100 mL 烧杯中，加 30 mL 去离子水微热溶解。在不断搅拌下将 $H_2C_2O_4$ 溶液加入 $(NH_4)_2Fe(SO_4)_2$ 溶液中，加热搅拌至沸，并维持微沸 2 min。静置，得到黄色 $FeC_2O_4 \cdot 2H_2O$ 沉淀，倾去上层清液，用适量热蒸馏水洗涤沉淀 3~4 次，以除去可溶性杂质。

取一表面皿，将凹面朝上放在沸水烧杯上，把过滤的沉淀物连同滤纸一起放在表面皿凹面上烘干。烘干程度以成松散粉体为准。小心收集所得产品，称量，计算产率。所得产品留待下面实验使用。

2．绿色铁化合物的制备

称取 2 g 自制的黄色化合物，加入 10 mL 蒸馏水，配成悬浮液。另称取 3.5 g $K_2C_2O_4 \cdot H_2O$ 固体，加 10 mL H_2O 溶解后在搅拌下加入到上述悬浮液中。将混合液置于恒温水浴中，水浴恒温维持 40 ℃，缓慢滴加 10 mL 6% 过氧化氢溶液。注意不能滴加过快，否则会引起爆沸，此时有棕色的 $Fe(OH)_3$ 沉淀生成。加热溶液微沸 2 min 后，将 1.2 g $H_2C_2O_4 \cdot 2H_2O$ 固体慢慢加入，至形成亮绿色透明溶液。往清液中加入 10 mL 95% 乙醇，如产生混浊，可微热使其溶解，将溶液放在暗处待其析出晶体并自然冷却到室温。将所得晶体抽滤，用 50% 乙醇洗涤，50 ℃烘干 1 h，得产品，称量，计算产率，将产品放在干燥器内避光保存。

将上述两步实验数据及结果记录在如表 8-1 所示中。

表 8-1 铁化合物产量及颜色

黄色铁化合物	原料/g		绿色铁化合物	原料/g	
	产品/g			产品/g	
	产率/%	颜色		产率/%	颜色

3．产品的定性实验

铁的检验：在试管中加入少量产物，加几滴 2 mol·L^{-1} H$_2$SO$_4$ 和 5 mL 去离子水溶解，另取一支试管加入少量的 FeCl$_3$ 溶液。各加入 2 滴 0.1 mol·L^{-1} NH$_4$SCN，观察现象。在溶液中加入 1 粒 Zn 片，观察溶液颜色有何变化，解释实验现象。

C$_2$O$_4^{2-}$ 的检验：在试管中加入少量产物，用去离子水溶解，另取一支试管加入少量的 K$_2$C$_2$O$_4$ 溶液。各加入 2 滴 0.5 mol·L^{-1} CaCl$_2$ 溶液，观察实验现象有何不同。

用上述方法分别对黄色化合物和绿色化合物进行定性分析，将实验结果列入如表 8-2 所示中。

表 8-2 铁化合物的定性分析

步　骤	铁的检验		C$_2$O$_4^{2-}$ 的检验
试　剂	NH$_4$SCN	Zn 片	0.5 mol·L^{-1} CaCl$_2$
黄色铁化合物			
绿色铁化合物			
参照溶液			

五、实验思考题

（1）如何提高产率？能否用蒸干溶液的办法来提高产率？

（2）在制备绿色化合物时，中间生成的棕色沉淀是何物？

（3）在制备绿色化合物的最后一步是加入乙醇使产物析出，能否用蒸发浓缩的方法来代替？

实验九　NaOH 标准溶液配制和标定

一、实验目的

（1）掌握 NaOH 标准溶液的配制、标定和保存方法。

（2）进一步学习天平、滴定管、移液管、容量瓶等的使用。

（3）掌握酚酞指示剂确定终点的方法。

二、实验原理

在滴定分析中，已知准确浓度的溶液称为标准溶液。标准溶液的配制方法有两种：一种是直接法，即准确称量基准物质，溶解后定量转移至容量瓶中直接配制成具有精确浓度的标准溶液；另一种是标定法或称间接法，即先配制成近似需要的浓度，再用基准物质或用标准溶液来标定其准确浓度。

浓盐酸因含有杂质而且易挥发，氢氧化钠因易吸收空气中水分和 CO_2，因此它们均非基准物质，不能直接配制成标准溶液。它们溶液的准确浓度需要先配制成近似浓度的溶液，然后用其他基准物质进行标定。常用于标定酸溶液的基准物质有无水碳酸钠（Na_2CO_3）、硼砂（$Na_2B_4O_7 \cdot 10H_2O$）。常用于标定碱溶液的基准物质有邻苯二甲酸氢钾（$KHC_8H_4O_4$）。

邻苯二甲酸氢钾易得到纯品，在空气中不吸水，容易保存；它与 NaOH 反应时的物质量之比为 1∶1，其摩尔质量较大，可相对降低称量误差，因此它是标定碱标准溶液较好的基准物质。反应的产物是邻苯二甲酸钾钠盐，在水溶液中显弱碱性（pH≈9.20），故可选用酚酞作指示剂。邻苯二甲酸氢钾通常于 100～125 ℃ 时干燥 2 h 备用。温度超过此范围时，易脱水而变为邻苯二甲酸酐，引起误差，无法准确标定。

$$c_{NaOH} = \frac{\dfrac{m_{KHC_8H_4O_4}}{M_{KHC_8H_4O_4}} \times 1\,000}{V_{NaOH}} \quad (\text{mol} \cdot \text{L}^{-1})$$

式中，$KHC_8H_4O_4$ 的质量 m 的单位为 g，NaOH 的体积 V 的单位为 mL。

三、仪器和试剂

仪器：电子分析天平、玻璃棒、称量瓶、试剂瓶（250 mL）、锥形瓶（250 mL）、碱式滴定管（50 mL）、移液管（25 mL）、烧杯（100 mL，250 mL）、量筒（10 mL，100 mL）

试剂：邻苯二甲酸氢钾、NaOH（A.R）、酚酞指示剂（2 g·L^{-1}）。

四、实验步骤

1. 0.1 mol·L^{-1} NaOH 溶液的配制

称取约 2 g 固体 NaOH 于小烧杯中，马上加入去离子水使之溶解，稍冷却后转入试剂瓶中，加去离子水稀释至约 500 mL，用橡胶塞塞好瓶口，充分摇匀，得到 0.1 mol·L^{-1} NaOH 溶液。

2. NaOH 溶液的标定

洗净 3 只 250 mL 锥形瓶，分别称取邻苯二甲酸氢钾（KHC$_8$H$_4$O$_4$，$M = 204.21$）基准物质。用称量瓶中以差减法称取 KHC$_8$H$_4$O$_4$ 3 份，每份 0.4～0.6g，分别倒入 3 只锥形瓶中。

在 3 只锥形瓶中各加入 40～50 mL 蒸馏水，旋摇锥形瓶使 KHC$_8$H$_4$O$_4$ 完全溶解（不可用玻璃棒搅拌！）。加入酚酞指示剂 2～3 滴，用待标定的 NaOH 溶液滴定至呈微红色并保持半分钟不褪即为终点。记录 3 次滴定所消耗的 NaOH 溶液体积。

根据 3 次称量和滴定的数据，计算 NaOH 溶液的浓度。计算平均值和 3 次标定结果的相对偏差，相对偏差应小于或等于 0.2%，否则继续重复进行标定直到合格为止。按如表 9-1 所示记录实验数据并进行处理。

表 9-1 NaOH 溶液的标定数据记录表

实验编号	1	2	3
$m_{KHC_8H_4O_4}$ /g			
V_{NaOH} /mL			
c_{NaOH} /(mol·L^{-1})			
c_{NaOH} 平均值/(mol·L^{-1})			
相对偏差/%			
相对平均偏差/%			

五、思考题

（1）如何计算称取基准物邻苯二甲酸氢钾的质量范围？称得太多或太少对标定有何影响？

（2）溶解基准物时加入 20～30 mL 的水，是用量筒取，还是用移液管取？为什么？

（3）如果基准物未烘干，将使标定结果偏高还是偏低？

实验十　EDTA 标准溶液配制和标定

一、实验目的

（1）了解金属指示剂及其变色原理。
（2）掌握 EDTA 标准溶液的配制和标定。
（3）学习络合滴定法的原理及直接滴定法。

二、实验原理

EDTA 能与大多数金属离子形成稳定的 1∶1 的络合物，是络合滴定中最常用的滴定试剂，常用带 2 个结晶水的乙二胺四乙酸二钠盐（分子式 $Na_2H_2Y \cdot 2H_2O$，相对分子质量 372.24）。因其不易制得纯品，故需使用间接法配制标准溶液。

可标定 EDTA 的基准物质有，含量不低于 99.95% 的某些金属，如 Cu、Zn、Ni、Pb 等，以及它们的金属氧化物，或某些盐类，如 $ZnSO_4 \cdot 7H_2O$、$MgSO_4 \cdot 7H_2O$，$CaCO_3$ 等。在选用纯金属作为基准物质时，应注意金属表面氧化膜的存在会带来标定误差。可用细砂纸擦去或用稀酸融掉氧化膜，先用蒸馏水，再用乙醚或丙酮冲洗，于 105 ℃ 的烘箱中烘干，冷却后再称量。

选用铬黑 T 和甲基红为指示剂，$CaCO_3$ 为基准物标定 EDTA，滴定反应为：

指示剂反应：M（金属离子）+ In（指示剂）= MIn
滴定反应：M + Y = MY
终点反应：MIn + Y = MY + In

三、仪器和试剂

仪器：电子天平、玻璃棒、称量瓶、试剂瓶（250 mL）、锥形瓶（250 mL）、酸式滴定管（50 mL）、移液管（25 mL）、烧杯（100 mL，250 mL）、量筒（10 mL，100 mL）。

试剂：

（1）乙二胺四乙酸二钠盐（A.R，M=372.24）。
（2）NH_3-NH_4Cl 缓冲溶液：20 g NH_4Cl 溶于水，加 100 mL 浓氨水，稀至 1 L。
（3）甲基红指示剂：$1\ g \cdot L^{-1}$，60% 乙醇溶液。
（4）铬黑 T 指示剂（$5\ g \cdot L^{-1}$）：称 0.50 g 铬黑 T，溶于含有 25 mL 三乙醇胺，75 mL 无水乙醇的溶液中，低温保存，有效期约 100 天。

（5）CaCO₃ 基准物（110 ℃ 干燥 2 h，干燥器中冷至室温）。

（6）Mg²⁺-EDTA 溶液（0.02 mol·L⁻¹）。

（7）HCl 溶液（1+1）。

（8）氨水（1+2）。

四、实验内容和步骤

1．Ca²⁺标准溶液和 EDTA 溶液的配制

（1）CaCO₃ 标准溶液的配制。

计算配制 250.0 mL 的 0.01 mol·L⁻¹ Ca²⁺离子标准溶液所需 CaCO₃ 的质量。用差减法准确称取计算所得质量的基准 CaCO₃ 于 150 mL 小烧杯中，称量质量与计算值偏离最好不超过 10%。

先以少量水润湿称取的 CaCO₃，用一洁净表面皿盖住烧杯，然后从烧杯嘴处往烧杯中滴加约 5 mL（1+1）HCl 溶液，轻摇使 CaCO₃ 全部溶解。用蒸馏水淋洗表面皿和烧杯内壁，把溶液按定量转移操作转入 250 mL 容量瓶中，稀至刻度，摇匀。计算所配的 CaCO₃ 标准溶液的浓度。

（2）EDTA 溶液的配制。

计算配制 500 mL 的 0.01 mol·L⁻¹ EDTA 所需的乙二胺四乙酸二钠盐的质量，称取所需质量的 EDTA 于烧杯中，加水溶解（可适当加热），稀释至 500 mL，转入试剂瓶。

2．EDTA 标准溶液浓度的标定

以铬黑 T 为指示剂标定 EDTA：用移液管吸取 25.00 mL CaCO₃ 标准溶液于锥形瓶中，加 1 滴甲基红指示剂，滴加（1+2）氨水中和 Ca²⁺ 标准溶液中的 HCl，当溶液由红变黄即可。加入约 20 mL H₂O 和 5 mL Mg²⁺-EDTA 溶液，然后加入 10 mL NH₃-NH₄Cl 缓冲溶液，3 滴铬黑 T 指示剂，立即用 EDTA 溶液滴定，当溶液由酒红色转变为蓝绿色即为终点。平行滴定 3 次以上，计算 EDTA 标准溶液的准确浓度。

五、思考题

（1）阐述 Mg²⁺-EDTA 能够提高终点敏锐度的原理。

（2）滴定为什么要在缓冲溶液中进行？如果没有缓冲溶液存在，将会导致什么现象发生？

实验十一　硫代硫酸钠溶液的配制和标定

一、实验目的

（1）掌握 $Na_2S_2O_3$ 标准溶液的配制和标定方法。

（2）了解淀粉指示剂的作用原理。

二、实验原理

市售的结晶 $Na_2S_2O_3 \cdot 5H_2O$ 一般都含有少量的杂质，如 S、Na_2SO_3、Na_2SO_4、Na_2CO_3 及 NaCl 等，同时还容易风化和潮解，因此不能用直接法配制标准溶液。

$Na_2S_2O_3$ 溶液还容易受空气和微生物等的作用而分解，其分解原因为

（1）与溶解于溶液中的 CO_2 的作用：硫代硫酸钠在中性或碱性溶液中较稳定，当 pH < 4.6 时极不稳定，溶液中含有 CO_2 时会促进 $Na_2S_2O_3$ 分解：

$$Na_2S_2O_3 + H_2O + CO_2 \Longrightarrow NaHCO_3 + NaHSO_3$$

此分解作用一般发生在制成溶液后的最初 10 天内，1 分子的 $Na_2S_2O_3$ 分解产生 1 分子的 $NaHSO_3$。1 分子 $Na_2S_2O_3$ 只能和 1 个碘原子作用，而 1 分子的 $NaHSO_3$ 能和 2 个碘原子作用，表现为溶液的浓度（对碘的作用）有所增加。

（2）空气氧化作用。

$$2Na_2S_2O_3 + O_2 \Longrightarrow 2Na_2SO_4 + 2S\downarrow$$

在 pH 9~10 的 $Na_2S_2O_3$ 溶液最为稳定，因此在 $Na_2S_2O_3$ 溶液中加入少量 Na_2CO_3（使其在溶液中的浓度为 0.02%）可防止 $Na_2S_2O_3$ 的分解。

（3）微生物的作用，这是使 $Na_2S_2O_3$ 分解的主要原因。$Na_2S_2O_3$ 溶液在 pH 为 9~10 的碱性条件下最为稳定，在 $Na_2S_2O_3$ 溶液中加入少量 Na_2CO_3（使其在溶液中的浓度为 0.02%）可防止 $Na_2S_2O_3$ 的分解。为减少溶解在水中的 CO_2 和杀死水中微生物，应用新煮沸冷却后的蒸馏水配置溶液。为避免微生物的分解作用，可加入少量 HgI_2（10 mg/L）。

此外，光照能促进 $Na_2S_2O_3$ 溶液的分解，所以 $Na_2S_2O_3$ 溶液应储存于棕色试剂瓶中，放置于暗处。配制后放置 7~14 天再进行标定，长期使用的溶液应定期重新标定。标定 $Na_2S_2O_3$ 溶液的基准物有 $K_2Cr_2O_7$、KIO_3、$KBrO_3$ 和纯铜等，$K_2Cr_2O_7$ 最为常用。

$$CrO_7^{2-} + 6I^- + 14H^+ \Longrightarrow 2Cr^{2+} + 3I_2 + 7H_2O$$

析出的 I_2 再用 $Na_2S_2O_3$ 标准溶液滴定：

$$I_2 + 2S_2O_3^{2-} \Longrightarrow S_4O_6^{2-} + 2I^-$$

这个标定方法是间接碘量法的应用实例。

三、主要仪器和试剂

仪器：碱式滴定管、锥形瓶、容量瓶、试剂瓶、移液管、表面皿等。

试剂：$Na_2S_2O_3 \cdot 5H_2O$（固）、Na_2CO_3（固）、KI（固）、$K_2Cr_2O_7$（固）（A·R 或 G·R）、2 mol·L^{-1} HCl、5% 淀粉溶液（0.5 g 淀粉，加少量水调成糊状，倒入 100 mL 煮沸的蒸馏水中，煮沸 5 min 冷却）。

四、实验步骤

1．0.1 mol·L^{-1} $Na_2S_2O_3$ 溶液的配制

先计算配制约 0.1 mol·L^{-1} $Na_2S_2O_3$ 溶液 500 mL 所需 $Na_2S_2O_3 \cdot 5H_2O$ 的质量，在台天平上称取后放入 500 mL 棕色试剂瓶中，先加入约 100 mL 新煮沸经冷却的蒸馏水，摇动使之溶解。溶解完全后加入约 0.1 g Na_2CO_3，用新煮沸经冷却的蒸馏水稀释至 500 mL，摇匀。在暗处放置 7~14 d 后，标定其浓度。

2．$K_2Cr_2O_7$ 标准溶液的配制

准确称取经二次重结晶并在 150 ℃ 烘干 1 h 的 $K_2Cr_2O_7$ 1.2~1.3 g 于 150 mL 小烧杯中，加蒸馏水 30 mL 使之溶解（可稍加热加速溶解），冷却后，小心转入 250 mL 容量瓶中，用蒸馏水淋洗小烧杯 3 次，每次洗液小心转入 250 mL 容量瓶中，然后用蒸馏水稀释至刻度，摇匀，计算出 $K_2Cr_2O_7$ 标液的准确浓度。

3．$Na_2S_2O_3$ 溶液的标定

用 25mL 移液管准确吸取 $K_2Cr_2O_7$ 标准溶液两份，分别放入 250 mL 锥形瓶中，加固体 KI 1 g 和 2 mol·L^{-1} HCl 15 mL，充分摇匀后用表皿盖好，放在暗处 5 min，然后用 50 mL 蒸馏水稀释，用 0.1 mol·L^{-1} $Na_2S_2O_3$ 溶液滴定到呈浅黄绿色，然后加入 0.5% 淀粉溶液 5 mL，继续滴定到蓝色消失而变为 Cr^{3+} 的绿色即为终点。根据所取的 $K_2Cr_2O_7$ 的体积、浓度及滴定中消耗 $Na_2S_2O_3$ 溶液的体积，计算 $Na_2S_2O_3$ 溶液准确浓度。

五、问题讨论

（1）$Na_2S_2O_3$ 标准溶液如何配制？如何标定？

（2）用 $K_2Cr_2O_7$ 做基准物标定 $Na_2S_2O_3$ 溶液浓度时，为什么要加入过量的 KI 和加入 HCl 溶液？为什么要放置一定时间后才加水稀释？如果① 加 KI 不加 HCl 溶液；② 加酸后不放置暗处；③ 不放置或少放置一定时间即加水稀释，会产生什么影响？

（3）写出用 $K_2Cr_2O_7$ 溶液标定 $Na_2S_2O_3$ 溶液的反应式和计算浓度的公式。

实验十二　高锰酸钾溶液的配制和标定

一、实验目的

（1）了解 $KMnO_4$ 溶液的配制与保存方法。

（2）掌握采用 $Na_2C_2O_4$ 作基准物标定高锰酸钾标准溶液的方法。

（3）了解 $KMnO_4$ 自身指示剂的特点。

二、实验原理

高锰酸钾具有较强的氧化性，见光易分解，市售的试剂常含有少量 MnO_2 和其他杂质，如硫酸盐、氯化物及硝酸盐等。此外，去离子水中常含有少量的有机质，能使 $KMnO_4$ 还原，且还原产物能促进 $KMnO_4$ 自身分解，分解方程式如下：

$$2MnO_4^- + 2H_2O \Longrightarrow 4MnO_2 + 3O_2 \uparrow + 4OH^-$$

故而 $KMnO_4$ 不能直接配制成准确浓度的标准溶液。因此，必须正确配制和保存，如长期使用必须定期进行标定。

可用于标定 $KMnO_4$ 的基准物质较多，有 As_2O_3、$H_2C_2O_4 \cdot 2H_2O$、$Na_2C_2O_4$ 和纯铁丝等。其中 $Na_2C_2O_4$ 不含结晶水，不易吸湿，易纯制，性质稳定，是最常用的基准物质。标定的反应方程式为

$$2MnO_4^- + 5C_2O_4^{2-} + 16H^+ \Longrightarrow 2Mn^{2+} + 10CO_2 \uparrow + 8H_2O$$

滴定时利用 MnO_4^- 本身的紫红色指示终点，称为自身指示剂。计算公式：

$$c_{KMnO_4} = \frac{2}{5} \cdot \frac{m_{Na_2O_4}}{M_{Na_2C_2O_4} \cdot V_{KMnO_4}}$$

三、主要仪器和试剂

仪器：酸式滴定管、锥形瓶、容量瓶、试剂瓶、移液管、表面皿、电热板、砂芯漏斗等。

试剂：$KMnO_4$（固）、3 mol·L^{-1} H_2SO_4、$Na_2C_2O_4$ 基准试剂：在 105 ~ 115 ℃ 条件下烘干 2 h 备用。

四、实验步骤

1. KMnO₄溶液的配制

在天平上称取 KMnO₄ 固体约 1.6 g，置于 1 000 mL 烧杯中，加 500 mL 去离子水使其溶解，盖上表面皿，加热至沸并保持微沸状态约 1 h，中间可补加一定量的去离子水，以保持溶液的体积基本不变。冷却后将溶液转移至棕色试剂瓶内，于暗处放置 2~3 d，然后用 G₃ 或 G₄ 砂芯漏斗过滤出去 MnO₂ 等杂质，滤液储存于棕色试剂瓶内备用。

2. KMnO₄溶液的标定

准确称取 0.15~0.20 g Na₂C₂O₄ 基准物质 3 份，分别置于 250 mL 锥形瓶中，向其中各加入 30 mL 去离子水使之溶解，再各加入 15 mL 的 3 mol·L⁻¹ H₂SO₄ 溶液，然后将锥形瓶置于水浴中加热至 75~85 ℃（刚好冒蒸汽），趁热用待标定的 KMnO₄ 溶液滴定至溶液呈微红色并保持 30 s 不褪色即为终点。平行滴定 3 份，根据滴定消耗的 KMnO₄ 溶液体积和 Na₂C₂O₄ 的量，计算 KMnO₄ 溶液的浓度。标定实验数据记录在如表 12-1 所示中。

表 12-1 KMnO₄ 溶液的标定实验数据记录表

实验编号	1	2	3
$m_{Na_2C_2O_4}$/g			
V_{KMnO_4}/mL			
c_{KMnO_4}/(mol·L⁻¹)			
c_{KMnO_4} 平均值/(mol·L⁻¹)			
相对偏差/%			
相对平均偏差/%			

五、思考题

（1）配制 KMnO₄ 溶液应注意什么？用基准物质 Na₂C₂O₄ 标定 KMnO₄ 时，应该在什么条件下进行？

（2）配制 KMnO₄ 溶液时，过滤后滤器上粘附的物质是什么？应该选用什么物质清洗干净？

（3）在控制溶液酸度时为什么不能采用 HCl 或 HNO₃？

（4）标定 KMnO₄ 溶液浓度时，第一滴 KMnO₄ 溶液加入后红色褪去很慢，以后褪色较快是为什么？

实验十三 趣味化学综合实验

一、烧不断的棉线

准备一个 250 mL 的烧杯，装入 100 mL 的水，不断加入食盐并不断搅拌直至食盐不再溶解。取一根 20~30 cm 的棉线，在一端缚上一个回形针，将棉线浸没在浓盐水中数分钟，取出晾干。把晾干的棉线再次浸入浓盐水中，取出晾干，重复多次。最后一次取出后将棉线的一头扎在铁丝上，让缚有回形针的那端悬在下面吊起来晾干后点燃棉线的下端，可见火焰慢慢地向上燃烧，一直燃到铁丝后熄灭，棉线被烧成焦黑却没有断，回形针还挂在那里。

这是因为经过饱和浓盐水反复浸泡又晾干的棉线中充满了食盐晶体，点燃后，棉线的纤维虽然被烧掉，但熔点高达 800 ℃ 的食盐却不受影响，仍保持棉线的原有形状。

在点燃棉线时，注意保持铁丝稳定，防止因为抖动而使棉线断开。如用明矾代替食盐，将棉线换成一块棉布，做这个实验的效果也很好，棉布燃烧过后，也能保持原样不断裂。

二、固体酒精的制备

近年来家庭或餐馆利用火锅用餐的，以及野外作业和旅游野餐者，常使用固体酒精作燃料。硬脂酸钠溶于水不溶于酒精，石蜡溶于酒精不溶于水，水和酒精无限混溶。将硬质酸钠和石蜡均匀混合形成凝胶包裹酒精即可得到固体酒精。使用时用一根火柴即可点燃，燃烧时无烟尘，无毒，无异味，火焰温度均匀，温度可达到 600 ℃ 左右。每 250 g 可以燃烧 1.5 h 以上，比使用电炉、酒精炉都节省、方便、安全。因此，是一种理想的方便燃料。

在 50 mL 的烧杯中加入 5 mL 水，加热至 60~80 ℃，加入 15 mL 酒精，再加入 6 mL 硬脂酸和 0.3 g 的石蜡，搅拌均匀。另取 50 mL 的烧杯加入 5 mL 水，加入 1.3 g 氢氧化钠，搅拌，使之溶解。将上述两个溶液趁热快速混合，再加入 15 mL 酒精，搅匀，于模具中灌注成型，冷却脱模即得固体酒精。

三、制作"叶脉书签"

选择外形完整、大小合适、具有网状叶脉的树叶，叶脉应粗壮密实，一般在叶片充分成熟并开始老化的夏末或秋季制作，以桂花叶、茶树叶、玉兰叶为好。将树叶刷洗干净后放入约 10% 的氢氧化钠溶液中煮沸。煮沸约 5 分钟至叶肉呈现黄色，用镊子取出树叶，用水将树叶上的碱液洗净；将煮好洗净的树叶平铺在瓷砖或玻璃板上，用试管刷或软牙刷顺着叶脉的方向轻轻刷去叶肉，边刷边用小流量自来水冲洗，直至叶肉完全刷净。将刷净的叶脉置于玻璃板上晾至半干，夹在书中压平至干即可。也可根据自己的需要进行染色和装饰。

四、红糖制"白糖"

红糖和白糖的不同之处在于红糖中含有一定量的有色物质，因而要制成白糖，就必须要去除红糖中的有色物质。一般使用活性炭做吸附剂。

称取 5 g 红糖于 100 mL 的小烧杯中，加入 40 mL 水，加热使其溶解。加入 1 g 活性炭，并不断搅拌 10 min，趁热过滤悬浊液，得到无色液体，如果滤液呈黄色，则再加入适量的活性炭，重新过滤，直至滤液无色为止。滤液于水浴中蒸发浓缩。当体积减少到原溶液体积的 1/4 左右时，停止加热。取出烧杯，自然冷却，即能看到有白糖析出。

五、检验含碘食盐成分中的碘

含碘食盐中的碘一般是以碘酸钾（KIO_3）的形式存在。在酸性条件下 IO_3^- 能将 I^- 氧化成 I_2，I_2 遇淀粉试液变蓝。不含碘食盐则无类似反应。

取 2 支试管，分别加入 2 mL 含碘食盐溶液和不含碘食盐溶液，各滴入几滴稀硫酸混匀，再各滴入几滴淀粉试液。观察现象并记录。另取 1 支试管中加入 2 mL KI 溶液和几滴稀硫酸，再滴入几滴淀粉试液。观察现象并记录。将第 3 支试管中的液体分别倒入前 2 支试管里，混合均匀。观察现象并记录。

模块二　物质性质和常数测定的理化实验

实验十四　电导法测定乙酸电离常数

一、目的要求

（1）了解溶液的电导、电导率和摩尔电导率的基本概念。
（2）学会用电导法测定醋酸的电离平衡常数。
（3）掌握电导率仪的使用方法。

二、实验原理

电解质溶液是靠正，负离子的迁移来传递电流，而弱电解质溶液中，只有已电离部分才能承担传递电量的任务。在无限稀释的溶液中可以认为弱电解质已全部电离，此时溶液的摩尔电导率为 Λ_m^{∞}，而且可用离子极限摩尔电导率相加而得：

$$\Lambda_m^{\infty} = \Lambda_{m,+}^{\infty} + \Lambda_{m,-}^{\infty} \qquad （14-1）$$

式中，$\Lambda_{m,+}^{\infty}$ 和 $\Lambda_{m,-}^{\infty}$ 分别为无限稀释时的离子电导。对乙酸在 25 ℃ 时，$\Lambda_m^{\infty} = 349.82 + 409 = 390.8$（$S \cdot cm^2 \cdot mol^{-1}$）。

一定浓度下的摩尔电导率 Λ_m 与无限稀释溶液中的摩尔电导率 Λ_m^{∞} 是有差别的。这是由两个因素造成，一是电解质溶液的不完全离解，二是离子间存在着相互作用力。所以 Λ_m 通常称为表观摩尔电导率。根据电离学说，弱电解质的电离度 α 随溶液的稀释而增大，当浓度 $c \rightarrow 0$ 时，电离度 $\alpha \rightarrow 1$。因此在一定温度下，随着溶液浓度的降低，电离度增加，离子数目增加，摩尔电导增加。

在无限稀释的溶液中 $\alpha \rightarrow 1$，$\Lambda_m \rightarrow \Lambda_m^{\infty}$，故

$$\alpha = \frac{\Lambda_m}{\Lambda_m^{\infty}} \qquad （14-2）$$

根据电离平衡理论，当醋酸在溶液中达到电离平衡时，其电离常数 K 与初始浓度 c 及电离度 α 在电离达到平衡时有如下关系：

$$K = \frac{c\alpha^2}{1-\alpha} \qquad （14-3）$$

将 $\alpha = \dfrac{\Lambda_m}{\Lambda_m^\infty}$ 代入式（14-3），得到

$$K = \frac{c\Lambda_m^2}{\Lambda_m^\infty (\Lambda_m^\infty - \Lambda_m)} \qquad (14\text{-}4)$$

在一定温度下，由实验测得不同浓度下的 Λ_m 值，代入式（14-4）可得

$$c\Lambda_m = K\Lambda_m^{\infty 2} \frac{1}{\Lambda_m} - K\Lambda_m^\infty \qquad (14\text{-}5)$$

以 $c\Lambda_m$ 对 $\dfrac{1}{\Lambda_m}$ 作图得一条直线，其斜率为 $K\Lambda_m^{\infty 2}$，截距为 $K\Lambda_m^\infty$。由此可计算出 Λ_m^∞ 和 K 值。

电导率 k 是指两平行且相距 1 m，面积均为 1 m^2 两电极间的电导，与电解质溶液的浓度、温度及电解质类型有关。摩尔电导率与电导率之间的关系为

$$\Lambda_m = \frac{k}{c} \quad (\text{S} \cdot \text{cm}^2 \cdot \text{mol}^{-1}) \qquad (14\text{-}6)$$

实验测得物质的量浓度为 c 的醋酸溶液的电导率，可由式（14-6）计算其摩尔电导率。

三、仪器与试剂

仪器：DDS-11A 型电导率仪、恒温槽（室温在 20～25 ℃ 时可不用）、25 mL 刻度移液管、50 mL 容量瓶（或比色管）6 只、烧杯等。

试剂：0.200 mol·L^{-1} 醋酸溶液，需预先标定其准确浓度。

四、实验步骤

（1）HAc 系列浓度溶液的配制。

① 根据实验室预先配制的 HAc 标准溶液浓度，将其准确稀释到 0.02 mol·L^{-1} 左右备用，计算配制好的 HAc 标准溶液准确浓度 c。

② 取 5 只 50 mL 容量瓶（或比色管），分别配制 5 个不同浓度的 HAc 溶液，其浓度分别为 c、$\dfrac{c}{2}$、$\dfrac{c}{4}$、$\dfrac{c}{8}$、$\dfrac{c}{16}$。

（2）调整恒温槽温度为（25±0.1）℃。（室温在 20～25 ℃ 时可不使用恒温槽，但需准确测量并记录溶液温度和室温）

（3）连接电导率仪，仪器开机预热 10 min。根据铂黑电极上标明的电导池常数调整仪器的电导池常数补偿旋钮。

（4）溶液电导率的测定，将配制好的 HAc 系列溶液按照浓度从小到大的顺序，依次测定它们的电导率，将数据记录在如表 14-1 所示中。

（5）去离子水电导率测定，倒去小烧杯中的 HAc，洗净电导池，另取 50 mL 电导水（去

离子水）恒温后，测其电导率。注意：此电导水应与配制 HAc 溶液所用的水一致。

（6）实验结束，倒去所用溶液，清洗仪器和电极。换一干净去离子水将电极浸泡，注意不要将电极从仪器上拔下，关闭电源即可。

表 14-1 电导法测定乙酸电离常数数据记录及计算表

	HAc 浓度 $c/(\text{mol} \cdot \text{L}^{-1})$	电导率 $/(\text{S} \cdot \text{m}^{-1})$	摩尔电导率 $\Lambda_m/$ $(\text{S} \cdot \text{cm}^2 \cdot \text{mol}^{-1})$	电离度	电离常数 K
1					
2					
3					
4					
5					

五、实验关键

（1）浓度和温度是影响电导的主要因素，故移液管和容量瓶必须清洗干净，浓度配制要准确；测定电导时电极必须与待测溶液同时一起恒温。

（2）测电导水的电导时，铂黑电极要用电导水（去离子水）充分冲洗干净，测定中电极不可互换。

六、数据处理

（1）根据同温度下各浓度下 HAc 溶液及水的电导率，求出 HAc 不同浓度下的摩尔电导 Λ_m。

（2）以 $c\Lambda_m$ 对 $\dfrac{1}{\Lambda_m}$ 作图，其斜率为 $K\Lambda_m^{\infty 2}$，截距为 $K\Lambda_m^{\infty}$。由此计算出 Λ_m^{∞} 和 K 值，并与文献值比较。（文献值：HAc 的 $\Lambda_m^{\infty} = 390.8\ \text{S} \cdot \text{cm}^2 \cdot \text{mol}^{-1}$，电离常数 $K = 1.7 \times 10^{-5}$）

七、思考题

（1）本实验为何要测水的电导率。

（2）实验中为何用镀铂黑电极？使用时注意哪些事项？

附：DDS-11A 型数显电导率仪（见图 14-1）使用方法

（1）接通电源，仪器预热 10 min，然后进行校准。

（2）将电导电极的插头小心地插入仪器后面的电极插座中；按下"校准/测量"开关置于"校准"状态，调节"常数"调节旋钮，使仪器显示所用电极上的常数标称值（忽略小数点位置）。

（3）用温度计测出被测溶液的温度，将"温度"补偿旋钮置于被测溶液的实际温度的刻度线位置。这样测得的显示数值是经温度补偿后换算到 25 ℃ 时的电导率值。当旋钮置于 25 ℃ 时，仪器则无温度补偿功能。

（4）将电极浸入被测溶液中，按下"校准/测量"开关使其置于"测量"状态（此时，按钮为向上弹起的位置），观察仪器读数。将"量程"旋钮置于合适的量程范围，待仪器示读数稳定后，该显示值即为被测溶液在 25 ℃ 时的电导率。

（5）当被测溶液的电导率低于 200 μS·cm^{-1} 时，宜选用 DJS-1C 型光亮电极；当被测溶液的电导率高于 200 μS·cm^{-1} 时，宜选用 DJS-1C 型铂黑电极；当被测溶液的电导率高于 20 mS·cm^{-1} 时，可选用 DJS-10 电极，此时，测量范围可扩大到 200 mS·cm^{-1}。

（6）测量过程中，若仪器显示首位为 1，后 3 位数字熄灭，表示测量值超出量程范围，此时应将"量程"开关调高一挡进行测量。若读数显示值很小，则应将"量程"开关调低一挡，以提高测量精度。

（7）注意电极的引线、插头等不能受潮，否则将影响测量的准确性。

（8）测量高纯水时，应采用密封测量槽或将电极接入管路之中。高纯水应在流动状态下进行测定，以防止 CO_2 溶入水中而使电导率增加，影响测试准确度。

图 14-1　DDS-11A 型数显电导率仪

实验十五　液体表面张力的测定

一、目的要求

（1）了解表面张力的性质、表面能的意义以及表面张力和吸附的关系。
（2）掌握最大气泡法测定表面张力的原理和技术。

二、实验原理

在定温定压下纯溶剂的表面张力是定值。溶剂中加入溶质后，溶剂的表面张力要发生变化，当加入能降低表面张力的溶质时，表面层溶质的浓度比溶液内部大，反之，加入使溶剂表面张力升高的溶质时，表面层中的浓度比溶液内部低。这种现象称为表面吸附。Gibbs（吉布斯）吸附等温式可以说明它们之间的关系：

$$\Gamma = \frac{-c}{RT}\left(\frac{\mathrm{d}\sigma}{\mathrm{d}c}\right)T \tag{15-1}$$

式中，Γ 为吸附量，$mol \cdot m^{-2}$；σ 为表面吉布斯函数，$J \cdot m^{-2}$，或称表面张力，$N \cdot m^{-1}$；T 为绝对温度，K；c 为溶液浓度，$mol \cdot m^{-3}$；R 为气体常数，$8.314\ J \cdot mol^{-1}$。

当 $\dfrac{\mathrm{d}\sigma}{\mathrm{d}c} < 0$ 时，$\Gamma > 0$，称正吸附，加入的溶质称表面活性剂。

当 $\dfrac{\mathrm{d}\sigma}{\mathrm{d}c} > 0$ 时，$\Gamma < 0$，称负吸附，加入的溶质称非表面活性剂。

测定各平衡浓度下相应的表面张力 σ，作出 σ-c 曲线，如图 15-1 所示。

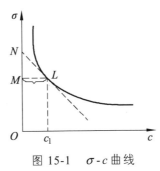

图 15-1　σ-c 曲线

$$-c_1 \frac{\mathrm{d}\sigma}{\mathrm{d}c} = \overline{MN}，\quad 即\ \Gamma = \frac{\overline{MN}}{RT}$$

本实验采用最大气泡法测定乙醇水溶液的表面张力。

从浸入液面下的毛细管端鼓出空气泡时，需要高于外部大气压的附加压力以克服气泡的表面张力，此附加压力与表面张力成正比，与气泡的曲率半径成反比，其关系为

$$\Delta p = \frac{2\sigma}{R} \tag{15-2}$$

当气泡开始形成时，表面几乎是平的，这时 R 最大，随着气泡的形成，R 逐渐变小，直至形成半球形，这时曲率半径 R 与毛细管半径 r 相等,曲率半径达最小值,根据式(15-2)，这时附加压力达最大值。气泡进一步长大，R 变大，附加压力变小，直至气泡溢出。

按照式（15-2），$R = r$ 时的最大附加压力为：

$$\Delta p_{m} = \frac{2\sigma}{r}$$

即

$$\sigma = \frac{r}{2}\Delta p_{m} \tag{15-3}$$

对同一仪器，$\frac{r}{2}$ 为常数，设为 K，称为仪器常数，则上式为

$$\sigma = K\Delta p_{m} \tag{15-4}$$

式（15-4）中的仪器常数 K 可用已知表面张力的标准物质测得。

三、仪器与试剂

仪器：表面张力仪一套、烧杯、50 mL 容量瓶 7 只等。
试剂：无水乙醇。

四、实验步骤

（1）洗净仪器，按如图 15-2 所示连接好，打开电源开关，LED 显示即亮，预热 5 min 后按下置零按钮，对需干燥仪器作干燥处理。分别配制 5%、10%、15%、20%、25%、30%、35%、40% 的乙醇水溶液各 50 mL。

（2）调节恒温槽为 25 ℃（或室温）。

（3）仪器常数测定：以水作标准物质测 K 值。在清洁的试管中加入约 1/4 体积的蒸馏水，夹子处于开放状态，装上干燥的毛细管（垂直插入），使毛细管的端点刚好与水面相切，打开滴液漏斗，使水缓缓滴出，控制滴液速度，使毛细管逸出的气泡稳定在每分钟 20 个左右。在毛细管气泡逸出的瞬间最大压差在 700 ~ 800 Pa（否则须换毛细管），读取微压差压力计值至少 3 次，求取平均值。通过手册查出实验温度时水的表面张力，利用公式 $K = \dfrac{\sigma_{H_2O}}{\Delta p_{m}}$ 求出 K 值。

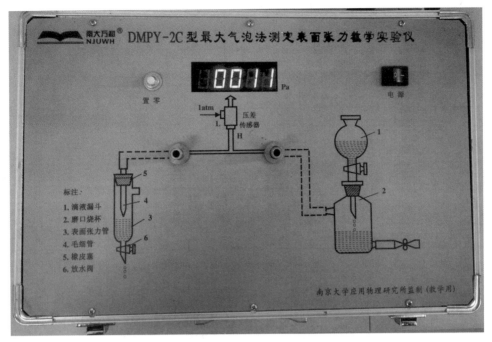

图 15-2　表面张力实验装置图

（4）待测样品表面张力的测定：用已配好的乙醇溶液，从稀到浓按上法测定，每次更换溶液需用少量待测溶液润洗 2 ~ 3 次试管及毛细管。测出已知浓度的待测样品的压力差 Δp，代入式（15-4），求出表面张力 σ。

五、实验关键

（1）溶液要准确配制，使用过程防止挥发损失。
（2）毛细管和试管一定要清洗干净，玻璃不挂水珠。
（3）控制好分液漏斗的滴水速度，从毛细管脱出气泡每次应为 1 个。
（4）毛细管端口一定要刚好垂直和液面相切，不能离开液面，亦不可深插。

六、数据处理

（1）将测试数据及结果填入如表 15-1 所示中。
（2）由实验结果计算各份溶液的表面张力，并作 σ-c 曲线。
（3）在 σ-c 曲线上选取 6 点作切线和水平线段，分别求出各浓度的 $\left(\dfrac{\mathrm{d}\sigma}{\mathrm{d}c}\right)_T$ 值。并计算在各相应浓度下的 Γ。
（4）作出 Γ-c 吸附等温线。

表 15-1 表面张力实验数据及结果

乙醇浓度 /%	测定结果				仪器常数 K	表面张力 $\sigma /$ （N·m^{-1}）	吸附量 /（mol·m^{-2}）
	1	2	3	平均值			
5							
10							
15							
20							
25							
30							
35							
40							

七、思考题

（1）实验时，为什么毛细管口应处于刚好接触溶液表面的位置？

（2）为什么要求从毛细管中逸出的气泡必须均匀而间断？如何控制出泡速度？

实验十六 金属材料二组分合金相图的绘制

一、目的要求

（1）掌握二组分体系的步冷曲线及相图的绘制方法。
（2）用热分析法绘制 Sn-Pb 二组分金属相图。

二、实验原理

表示多相平衡体系组成、温度、压力等变量之间关系的图形称为相图。热分析法是测绘金属相图常用的实验方法之一，其原理是将一种金属或合金熔融后，使之均匀冷却，每隔一定时间记录一次温度，所获得的表示温度随时间变化的曲线叫步冷曲线。

当熔融体系在均匀冷却过程中无相变化时，其温度将连续均匀下降得到一条光滑的冷却曲线；当体系内发生相变时，则因体系产生之相变热与自然冷却时体系放出的热量相抵偿，冷却曲线就会出现转折或水平线段，转折点所对应的温度，即为该组成合金的相变温度。利用冷却曲线所得到的一系列组成和所对应的相变温度数据，以横轴表示混合物的组成，纵轴上标出开始出现相变的温度，把这些点连接起来，就可绘出相图。二元简单低共熔体系的冷却曲线和相图如图 16-1 所示。

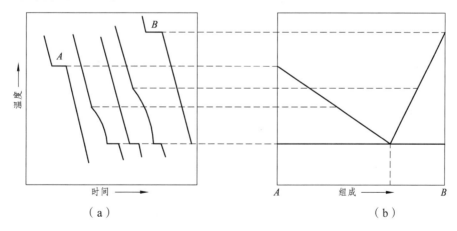

图 16-1 二元简单低共溶体系的冷却曲线和相图

用热分析法测绘相图时，被测体系必须时时处于或接近相平衡状态，因此必须保证冷却速度足够慢才能得到较好的效果。由于散热损失，所得的步冷曲线很难得到平台曲线，一般只是陡度变小曲线，即形成拐点。对于混合物的步冷曲线，会出现两个拐点，开始先有一种固体组分析出，形成第一个拐点，到达低共熔点时，两种固体组分同时析出，形成第二个拐点。

三、仪器与试剂

仪器：金属相图实验炉；测温铂电阻温度计；不锈钢样品管；样品管架（用漏斗架代替）。

试剂：Sn（C.P）；Pb（C.P）。

四、实验步骤

1．样品配制

用感量 0.1 g 的台秤分别称取纯 Sn、纯 Pb 各 100 g，另配制含锡 0%、20%、40%、61.9%、80% 及 100% 的铅锡混合物各 100 g，分别置于 5 只样品管中，在样品上方各覆盖一层石墨粉。

2．测绘步冷曲线

（1）将装好样品的样品管放入加热炉内，插好 Pt 电阻温度计探头，检查仪器是否连接妥当，开机，等待仪器自检完成。

（2）仪器设置：按"设置"键，设定仪器加热的最高温度（不得超过 400 ℃），设置降温速率、时间，倒计时间隔提醒秒数等。设定好后开始加热升温。

（3）注意观察温度变化情况，到达所需温度后停止加热，开始冷却计时读取温度读数，每隔 30 或 60 s 记录一次温度读数，直到样品完全凝固后再记录 5~10 min。读数期间不能移动样品管和铂电阻温度计，不要调节散热风扇"风速调节"旋钮，要让它在相图炉上自然均匀缓慢地冷却。

（4）按上述方法分别测定 5 个不同组成样品的步冷曲线温度读数。

五、实验关键

（1）测量系统要尽量接近平衡态，故冷却速度不能过快；

（2）为保证样品均匀冷却，温度稍高一点较好，热电偶放入样品中的部位和深度要适当。

六、数据处理

（1）整理好所记录的数据，以温度（℃）为纵坐标，时间为横坐标，在如图 16-2 所示坐标纸上绘制各个组分样品的步冷曲线。

（2）找出各步冷曲线中的拐点或平台对应的温度值，以温度为纵坐标，百分组成为横坐标，作 Pb-Sn 二组分体系相图。

（3）从相图中找出低共熔点及低共熔混合物的组成比例。

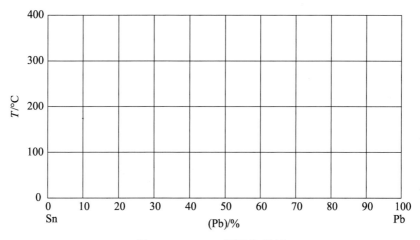

图 16-2　Pb-Sn 相图坐标纸

七、思考题

（1）为什么要缓慢冷却合金作步冷曲线？

（2）是否可以用加热曲线来做相图？为什么？

附：JX-6DS 金属相图实验装置（见图 16-3）操作使用方法

（1）开启仪器电源，让仪器自检。

（2）仪器左边为液晶显示屏，右边为按键。

（3）仪器共有按键 4 个，分别是"设置/确定"键、"加热/+1"键、"保温/ – 1"键、"停止/×10"键。

（4）"设置/确定"键可设置"目标""偏移""保温" 3 项内容，在设置状态下，"加热/+1"键、"保温/ – 1"键"停止/×10"键可改变相应数值，设置完毕后按"设置/确定"键，目标设置完成。

（5）目标设置完成后，按"加热/+1"键，开始加热。

（6）加热完毕后，按"停止/×10"键，停止加热。

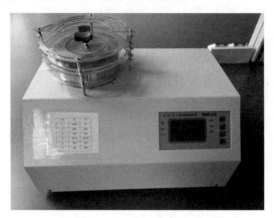

图 16-3　金属相图实验装置

实验十七 旋光法测定蔗糖转化反应速率常数

一、目的要求

（1）了解旋光仪的原理，学习旋光仪的使用方法。
（2）用旋光法测定蔗糖在酸催化条件下的水解反应速率常数。
（3）了解反应物浓度与旋光度之间的关系。

二、实验原理

下列反应理论上是一个三级反应。

$$C_{12}H_{22}O_{11}（蔗糖）+H_2O \xrightarrow{\;H_3O^+\;} C_6H_6O_6（果糖）+C_6H_6O_6（葡萄糖）\qquad 总旋光度$$

$t=0$	c_0	0	0	α_0
$t=t$	c_0-x	x	x	α
$t=\infty$	0	c_0	c_0	α_∞

但在低蔗糖浓度溶液中，即使蔗糖全部水解了，所消耗的水量也是十分有限的，因而 H_2O 的浓度均近似为常数，而 H^+ 作为催化剂，其浓度是不变的，故上述反应变为准一级反应。其反应动力学方程应为

$$\ln c_t = \ln c_0 - k_1 t \qquad (17\text{-}1)$$

即

$$k_1 = \frac{1}{t}\ln\frac{c_0}{c_t} = \frac{1}{t}\ln\frac{c_0}{c_0-x} \qquad (17\text{-}2)$$

由于难以直接测量反应物的浓度，所以要考虑使用间接测量方法。因体系的旋光度与溶液中具有旋光性的物质的浓度成正比，所以有

$$\alpha_0 = K_1 c_0 \qquad (17\text{-}3)$$

$$\alpha = K_1(c_0-x) - K_2 x + K_3 x$$

$$= K_1 c_0 - (K_1 + K_2 - K_3)x （果糖是左旋性的，所以比例系数取负）\qquad (17\text{-}4)$$

$$\alpha_\infty = -K_2 c_0 + K_3 c_0 \qquad (17\text{-}5)$$

所以有

$$\alpha_0 - \alpha_\infty = (K_1 + K_2 - K_3)c_0 \tag{17-6}$$

$$\alpha - \alpha_\infty = (c_0 - x)(K_1 + K_2 - K_3) \tag{17-7}$$

利用式（17-6）和式（17-7）可得出 c_0 与 $c_0 - x$ 的比值，再将其代入上述动力学方程中，得

$$k_1 = \frac{1}{t}\ln\frac{c_0}{c_t} = \frac{1}{t}\ln\frac{c_0}{c_0 - x} = \frac{1}{t}\ln\frac{\alpha_0 - \alpha_\infty}{\alpha - \alpha_\infty} \tag{17-8}$$

即

$$\ln(\alpha - \alpha_\infty) = -k_1 t + \ln(\alpha_0 - \alpha_\infty) \tag{17-9}$$

由此可见，实验中只要测出 α_∞、α、t 后即可作图求出 k_1，由截距可得 α_0。

反应的半衰期为

$$t_{1/2} = \ln 2 / k_1 \tag{17-10}$$

三、仪器与试剂

仪器：旋光仪；旋光管；台秤；秒表；烧杯、移液管、具塞锥形瓶；恒温水浴等；

试剂：HCl（2 mol·L^{-1}），蔗糖（A.R.）。

四、实验步骤

（1）认真阅读旋光仪的使用说明，掌握仪器的操作方法，如图 17-1 所示为旋光仪机器示意图。此步可在实验前通过预先下载，观看旋光仪使用教学课件提前完成。

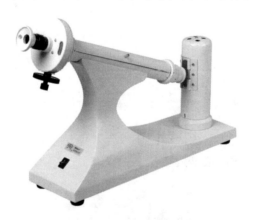

图 17-1 旋光仪示意图

（2）练习旋光仪的"零点"调节操作，练习旋光管的装液方法，理解旋光管放置于旋光仪中正确方法（试管外壁必须绝对擦干，旋光管的两端用镜头纸擦，中间用抹布擦），了解旋光仪的读数方法。

（3）在天平上称取 10 g 蔗糖于烧杯中，加入 50 mL 去离子水溶解。（称量蔗糖时注意不要漏撒在桌上和地上，实验完后桌面要清理干净，地上拖扫干净）

（4）室温下 α_t 的测定：用移液管移取 25 mL 蔗糖溶液，量取 50 mL 盐酸溶液分别注入到两个 100 mL 的干燥锥形瓶中，并将锥形瓶置于恒温水浴中恒温 10min，待恒温后，取 25 mL 盐酸溶液加入到装有蔗糖溶液的锥形瓶中，当注入到一半时开始计时（这个时间近似当做是反应开始的时间），迅速将溶液混合均匀。随后立即用少量混匀的样品溶液润洗旋光管，然后装满，旋紧旋盖。用少量蒸馏水淋洗一下旋光管外壁，擦洗干净后放入旋光仪中。从开始计时算起，反应到大约第 5 min 时读取第一个数据，此后每隔 5 min 记录读数一次，一直到旋光度出现第一个负值为止。

（5）室温下 α_∞ 的测定：将前面装完旋光管后剩余的蔗糖溶液倒入一个洁净的带塞锥形瓶中，置于 50 ℃ 恒温水浴中放置 30 min，拿出让其冷却到室温。待上述第 4 步测定完毕后再装管测定其旋光度数值，分别隔 3～5 min 测一次，共读取 3 次取平均值（即 α_∞）。

（6）实验完毕，关闭仪器电源。小心地清洗干净旋光管，注意不要将旋光管两头的玻片弄丢。

五、实验关键

（1）实验测定过程中，装好溶液的旋光管外部必须擦洗干净，因为实验的样品溶液中含有浓度较高的盐酸，若未擦洗干净管外壁上的溶液，会对旋光仪产生腐蚀；旋光管两端如果留有溶液，则会影响测量结果的准确度。

（2）实验完毕后，要将旋光管清洗干净，擦干后放回旋光仪中，特别小心不要弄丢旋光管两端的小玻璃片。

六、数据处理

（1）将室温下的 α、α_∞、t 的数据列表备用。
（2）做出直线 $\ln(\alpha-\alpha_\infty)-t$ 图，由所得直线的斜率求出 k_1，由截距求 α_0。
（3）求反应的半衰期。

七、思考题

（1）在蔗糖水解过程中，为什么要加入盐酸溶液？
（2）为什么要注意旋光管装液的问题，使之不产生气泡？
（3）测定最终旋光度时，为什么蔗糖和盐酸混合液要在温度不低于 50 ℃ 下恒温 30 min？
（4）测定蔗糖水解过程中，为什么它的旋光度是不断减少？蔗糖、果糖和葡萄糖分别为左旋还是右旋？

实验十八　燃烧热的测定

一、实验目的

（1）掌握燃烧热的概念，学会区分恒压燃烧热和恒容燃烧热的差别与联系。

（2）了解氧弹式量热仪的构造和原理，学习用其测定固体试样的燃烧热。

（3）测定一种固体物质的燃烧热并与文献值相比较。

二、实验原理

燃烧热的测定是将可燃物质、氧化剂及其容器与周围环境隔离，测定燃烧前后系统温度的升高值 ΔT，再根据系统的热容 C、可燃烧物质的质量 m，计算每克物质的燃烧热 Q。即

$$Q = \frac{1}{m} C \cdot \Delta T$$

系统的热容 C，包括内桶、氧弹、测温器件、搅拌器和水，是利用已知燃烧热的基准物质在相同条件下完全燃烧，根据其燃烧前后系统温度的变化 $\Delta T'$，基准物质的质量 m'，每克基准物质的理论燃烧热 Q'，利用下式求出

$$C = \frac{Q'm'}{\Delta T'}$$

本实验测定的是恒容反应热 Q_V，可以通过 $Q = Q_V + \Delta nRT$ 计算恒压反应热 Q_P。

氧弹式量热仪分为两类：一类称为绝热式氧弹量热计，装置中有温度控制系统，在实验过程中，环境与实验体系的温度始终相同或始终略低 0.3 ℃，热损失可以降低到极微小程度，因而，可以直接测出初温和最高温度；第二类为环境恒温量热仪，仪器的最外层是温度恒定的水夹套（外桶），这种仪器的实验体系与环境之间存在热交换，因此需通过温度-时间曲线（即雷诺曲线）来确定体系的初温和最高温度，从而计算 ΔT。这里实验中使用的是第二类环境恒温量热仪。

由于量热仪的外筒温度与内筒温度在实验过程中不能保持一致，实验中体系与环境之间可以发生热交换，因此需要通过雷诺作图法对测得的温差进行校正，也可使用经验公式校正法计算温差。

1．通过温度-时间曲线（雷诺曲线）确定初温和终态温度

这种方法是通过温度-时间曲线（雷诺曲线）确定初温和终态温度，进而求出燃烧前后体系温度的变化 ΔT，由雷诺曲线求得 ΔT 的方法如图 18-1 所示，其详细步骤如下：

称取适量待测物质，在氧弹中燃烧后使内筒水温升高 $1.5 \sim 2.0\ ^\circ\mathrm{C}$。预先调节内筒水温低于室温 $0.5 \sim 1.0\ ^\circ\mathrm{C}$。然后将燃烧前后记录的水温随时间的变化作图，连成 FHIDG 折线（见图 18-1），图中 H 相当于开始燃烧之点，D 为观察到的最高温度读数点，作相当于室温之平行线 JI 交折线于 I 过 I 点作 ab 垂线，然后将 FH 线和 GD 线外延交 ab 线 A、C 两点，A 点与 C 点所表示的温度差即为所求的温度升高值 ΔT。图中 AA' 为开始燃烧到温度上升至室温这一段时间 Δt_1 内，由环境辐射进来和搅拌引进的能量而造成体系温度的升高，需予以扣除；CC' 为温度由室温升高到最高点 D 这一段时间 Δt_2 内，体系向环境辐射出能量而造成体系温度的降低，因此需要添加上。由此可见 AC 两点的温差是比较客观地表示了由于样品燃烧产生的热量使量热仪温度升高的数值。

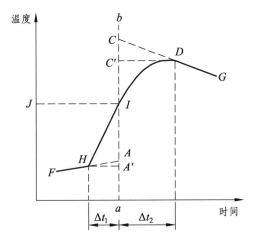

图 18-1　绝热较差时的雷诺校正图

如果量热仪的绝热情况良好，热泄漏小，而由于搅拌器功率大，不断搅拌引进能量使得燃烧后的最高点不出现（见图 18-2）。这种情况下 ΔT 仍然可以按照同样方法校正。

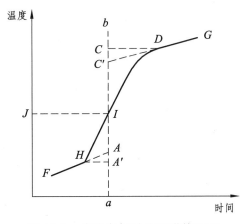

图 18-2　绝热良好时的雷诺校正图

2．经验公式校正法

真实温差 ΔT 可按下式求得：

$$\Delta T = t_高 - t_低 + \Delta t_{校正}$$

式中　$t_低$——点火前读得的量热仪的最低温度；

　　　$t_高$——点火后，量热仪达到最高温度后，开始下降的第一个读数。

温度校正值 $\Delta t_{校正}$ 常用的经验公式：$\Delta t_{校正} = \dfrac{V + V_1}{2} \times m + V_1 \times r$

式中　V——点火前，每半分钟量热仪的平均温度变化；

　　　V_1——样品燃烧使量热仪温度达到最高而开始下降后，每半分钟量热仪的平均温度变化；

　　　m——点火后，温度上升很快（大于每半分钟 0.3 ℃）的半分钟间隔数；

　　　r——点火后，温度上升较慢（低于每半分钟 0.3 ℃）的半分钟间隔数。

三、仪器与试剂

仪器：氧弹式量热仪；电子分析天平；样品压片机；充氧器；移液管；容量瓶。

试剂与材料：苯甲酸（A.R），其燃烧热为 26 455 J·g^{-1}。萘（A.R）。

点火用的金属丝（铁、铜、镍、铂），直径小于 0.2 mm，长度 80～120 mm，其燃烧热为铁 6 700 J·g^{-1}；铜 2 500 J·g^{-1}；镍 1 400 J·g^{-1}；棉线 17 500 J·g^{-1}。

高压纯氧，存于钢瓶内，钢瓶配氧气减压阀，通过铜管与充氧器相连。减压阀出口压力要大于 3 MPa（常用的为最大出口压力 1.5 MPa），对于苯甲酸和萘，充入 1.5 MPa 的氧也能完全燃烧。禁止使用电解氧。

四、实验步骤

1．系统热容的测定

每套仪器的热容都不同，必须预先测定。仪器的热容量在数值上等于量热体系温度升高 1 K 所需的热量。测定仪器热容的方法，是用已知燃烧热值的苯甲酸在氧弹内燃烧，放出热量，测定体系的温度升高值 ΔT。

（1）取苯甲酸 0.8～1 g，倒在压片机的压模孔中，将压模放入压片机上，扳动压杆使样品压紧成片状取出，在分析天平上准确称量后备用。压模用毛刷刷去黏附的样品屑，留待下个样品使用。

（2）取长度为 12 cm 的燃烧丝一根，用分析天平准确称量后备用。

（3）装弹：拧开氧弹盖放在专用支架上，将弹内清洗干净，擦干。用移液管加入 10 mL 蒸馏水在弹筒内。将已准确称量的样品片放在不锈钢燃烧皿内，再将已称量的燃烧丝两端分别缠紧在弹盖的两支电极上，并使燃烧丝的中部抵在样品片上，但不能与燃烧皿壁接触。

（4）小心地旋紧氧弹盖子，在自动充氧器上充以 1.5 MPa 的氧气。充好氧气后的氧弹可用万用表检查两电极是否为通路，若不通，说明燃烧丝接触不良，则需放掉氧气，打开弹盖，重新装弹和充氧。

（5）将充氧之后的氧弹放入量热仪的内筒中的金属支架上，用容量瓶准确量取 3 000 mL 纯净水（水温应与室温相同或略低于室温）倒入内筒，水应将氧弹淹没。仔细查看氧弹是否漏气，如有气泡发生表示氧弹漏气，须取出氧弹重新处理装弹。

（6）插好点火电极的连线针和帽盖，小心盖好量热仪盖板，注意搅拌器不要与弹体相碰，点火电线从盖板凹槽处穿出。再把测温探头插好，连接好控制器。

（7）打开量热仪电源开关，控制器上显示内筒水温读数，按搅拌器开关启动搅拌，设定读数间隔为半分钟。预热一段时间后按"复原"按钮开始记录读数。

（8）停止记录温度后，从量热仪中取出氧弹，用放气帽缓缓压下放气阀，放尽气体，拧开并取下氧弹盖。取出未燃尽的引火线，称量后计算其实际燃烧消耗的质量。

（9）仔细检查氧弹，如燃烧皿中有黑烟或未燃尽的试样微粒，此实验作废。将氧弹内外清洗干净，并用干布擦干，最好用热风将弹盖和燃烧皿等吹干或风干，以备下一次测试使用。

2．试样燃烧热的测定

用 0.8～1.0 g 萘代替苯甲酸，按照上述测定系统热容同样步骤，测定萘的燃烧热。

3．数据记录与处理

整个数据记录分为 3 个阶段。

（1）初期：试样燃烧以前的阶段。这一阶段观测和记录周围环境与量热体系在试样开始燃烧之前的温度条件下的热交换关系。每隔半分钟记录读数一次，共读 11 次，得到 10 个温度差（即 10 个间隔数）。

（2）主期：在初期的最末一次（即第 11 次）读取温度的瞬间，按下"点火"按钮进行点火，然后开始读取主期的温度。每半分钟读取温度一次，直到温度不再上升而开始下降的第一次温度为止。这个阶段为主期。

（3）末期：这一阶段的目的与初期相同，是观察在实验终了温度下的热交换关系。同样每半分钟记录读数一次，共读 10 次作为实验的末期。

五、实验关键

（1）燃烧丝不能与燃烧皿壁接触。
（2）充氧后的氧弹需检查是否漏气。

六、数据处理

（1）列出温度读数记录表格，按经验公式计算或通过雷诺作图求出温差 ΔT，并计算量热仪的系统热容 C。（任选一种方法即可）

（2）根据系统热容和样品测定所得的 ΔT ，计算样品的标准摩尔燃烧热并与文献值比较。

七、思考题

（1）量热仪中哪些部分是系统？哪些部分是环境？系统和环境通过哪些途径进行热交换？

（2）本实验中要提高燃烧热测定的精度应该采取哪些措施？

实验十九　黏度法测定高聚物摩尔质量

一、实验目的

（1）测定聚乙烯醇的黏均相对分子量。

（2）掌握乌氏黏度计测定高聚物溶液黏度的原理和方法。

二、实验原理

在高聚物的研究中，相对分子质量是一个不可缺少的重要数据。因为它不仅反映了高聚物分子的大小，并且直接关系到高聚物的物理性能。但与一般的无机物或低分子的有机物不同，高聚物多是相对分子质量不等的混合物，因此通常测得的相对分子质量是一个平均值。高聚物相对分子质量的测定方法很多，比较起来，黏度法设备简单，操作方便，并有很好的实验精度，是常用的方法之一。

高聚物溶液的特点是黏度特别大，原因在于其分子链长度远大于溶剂分子，加上溶剂化作用，使其在流动时受到较大的内摩擦阻力。黏性液体在流动过程中，必须克服内摩擦阻力而做功。黏性液体在流动过程中所受阻力的大小可用黏度系数 η（简称黏度）来表示（$kg \cdot m^{-1} \cdot s^{-1}$）。

高聚物稀溶液的黏度是液体流动时内摩擦力大小的反映。纯溶剂黏度反映了溶剂分子间的内摩擦力，记作 η_0，高聚物溶液的黏度则是高聚物分子间的内摩擦、高聚物分子与溶剂分子间的内摩擦以及 η_0 这 3 者之和。在相同温度下，通常 $\eta > \eta_0$，相对于溶剂，溶液黏度增加的分数称为增比黏度，记作 η_{sp}，即

$$\eta_{sp} = \frac{\eta - \eta_0}{\eta\eta} = \eta_r - 1 \qquad (19\text{-}1)$$

而溶液黏度与纯溶剂黏度的比值称作相对黏度，记作 η_r，即

$$\eta_r = \frac{\eta}{\eta_n} \qquad (19\text{-}2)$$

η_r 反映的也是溶液的黏度行为，而 η_{sp} 则意味着已扣除了溶剂分子间的内摩擦效应，仅反映了高聚物分子与溶剂分子间和高聚物分子间的内摩擦效应。

高聚物溶液的增比黏度 η_{sp} 往往随质量浓度 c 的增加而增加。为了便于比较，将单位浓度下所显示的增比黏度 $\dfrac{\eta_{sp}}{c}$ 称为比浓黏度，而 $\dfrac{\ln \eta_r}{c}$ 则称为比浓对数黏度。当溶液无限稀释

时，高聚物分子彼此相隔甚远，它们的相互作用可以忽略，此时有关系式

$$\lim_{c \to 0} \frac{\eta_{sp}}{c} = \lim_{c \to 0} \frac{\ln \eta_r}{c} = [\eta]$$

$[\eta]$称为特性黏度，它反映的是无限稀释溶液中高聚物分子与溶剂分子间的内摩擦，其值取决于溶剂的性质及高聚物分子的大小和形态。由于η_r和η_{sp}均是无因次量，所以它们的单位是浓度c单位的倒数。

在足够稀的高聚物溶液里，η_{sp}/c与C和$\ln \eta_r/c$与c之间分别符合下述经验关系式：

$$\frac{\eta_{sp}}{c} = [\eta] + k \cdot [\eta]^2 \cdot c \tag{19-3}$$

$$\frac{\ln \eta_r}{c} = [\eta] - \beta \cdot [\eta]^2 \cdot c \tag{19-4}$$

上两式中κ和β分别称为 Huggins 和 Kramer 常数。这是两条直线方程，通过η_{sp}/c对c及$\ln \eta_r/c$对c作图，外推至$c=0$时所得截距即为$[\eta]$。显然，对于同一高聚物，由两条线性方程作图外推所得截距交于一点，如图 19-1 所示。

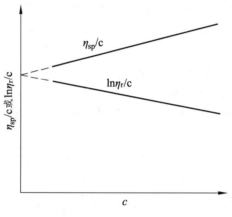

图 19-1　黏度曲线

高聚物溶液的特性黏度$[\eta]$与高聚物摩尔质量之间的关系，通常用带有两个参数的 Mark-Houwink 经验方程式来表示：

$$[\eta] = kM^{\alpha} \tag{19-5}$$

式中，M是黏均相对分子量，K为比例常数，α是与分子形状有关的经验参数。K和α的值与温度、高聚物及溶剂的性质有关，也和分子量大小有关。K值受温度影响较明显，α值主要取决于高分子线团在某温度下，某溶剂中舒展的程度。K与α可通过查文献查得，对于聚乙二醇，在 25 ℃ 时，$K = 1.56 \times 10^{-1}$cm/g，$\alpha = 0.5$。

本实验采用毛细管法测定黏度，通过测定一定体积的液体流经一定长度和半径的毛细管所需时间而获得。当液体在重力作用下流经毛细管时，其遵守泊塞勒 Poiseuille 定律：

$$\eta = \frac{\pi r^4 thg\rho}{8lV} \qquad\qquad (19\text{-}6)$$

式中，ρ 为液体的密度；l 是毛细管长度；r 是毛细管半径；t 是流出时间；h 是流经毛细管液体的平均液柱高度；g 为重力加速度；V 是流经毛细管的液体体积；对某一支指定的黏度计而言，许多参数是一定的，则式（19-6）可改写为

$$\eta = K'\rho t \qquad\qquad (19\text{-}7)$$

通常是在稀溶液中测定，溶液的密度 ρ 与溶剂密度 ρ_0 近似相等。这样，通过测定溶液和溶剂的流出时间 t 和 t_0，就可求得 η_r：

$$\eta_r = \frac{\eta}{\eta_n} = \frac{t}{t_n} \qquad\qquad (19\text{-}8)$$

所以只需测定溶液和溶剂在毛细管中的流出时间就可得到 η_r。

三、仪器与试剂

仪器：玻璃恒温水浴；乌氏黏度计；5 mL、10 mL 移液管；秒表；洗耳球；止水夹。
试剂：聚乙二醇。

四、实验步骤

（1）配制溶液：称取 1.2 g 聚乙二醇（相对分子质量大的少称些，相对分子质量小的多称些），于 50 mL 烧杯中，加 30 mL 蒸馏水，溶解后定容至 50 mL 容量瓶中。

（2）安装乌氏黏度计：清洗乌氏黏度计，特别注意毛细管部分，清洗后烘干备用。调节恒温槽至（25.00 ± 0.05）℃，把乌氏黏度计垂直放入恒温槽中，使如图 19-2 所示中 G 球全部浸没在水中，调节搅拌速度。

（3）溶剂流出时间 t_0 的测定：用移液管移取 10 mL 蒸馏水至黏度计中，恒温后，用洗耳球在 B 管的上端吸气（见图 19-2），将水从 F 球经 D 球、毛细管、E 球抽至 G 球 2/3 处；松开 C 管上夹子，使其通气，此时 D 球内溶液回入 F 球，使毛细管以上的液体悬空；毛细管以上的液体下落，当凹液面最低处流经刻度 a 线时，立刻按下秒表开始计时，至 b 处则停止计时。记下液体流经 a、b 之间所需的时间。重复测定 3 次，偏差小于 0.2 s 取其平均值，即为 t_0 值。

（4）溶液流出时间 t 的测定：用移液管吸已预先恒温好的溶液 10 mL，由 A 管注入黏度计内，于 25 ℃ 水中恒温 2 min，测定流出时间 3 次，要求每次误差不超过 0.4 s，取平均值。

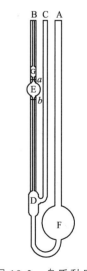

图 19-2 乌氏黏度计
示意图

（5）不同浓度溶液流出时间的测定：向黏度计中依次加入 5.00 mL、5.00 mL、5.00 mL、10.00 mL 蒸馏水，用上述方法分别测量不同浓度的 t 值。每次稀释后用洗耳球将液体混匀（2 min），并多次抽洗黏度计的 E 球和 G 球以及毛细管部分。

（6）清洗仪器：实验完毕后，充分清洗黏度计 3 次，用纯水注满黏度计或者倒置使其晾干。

五、实验关键

（1）测定最稀溶液和最浓溶液与溶剂的相对黏度在 1.2～2.0 合适。

（2）纯溶液黏度很大，用洗耳球时要缓慢吸气使液面上升至 G 球处，否则气泡会很多。

（3）测定时黏度计要垂直放置，否则影响结果曲准确性。

六、数据处理

（1）数据记录如表 19-1 所示。

表 19-1　数据记录表

| | | 流出时间 | | | | η_r | η_{sp} | η_{sp}/c | $\ln\eta_r$ | $\ln\eta_r/c$ |
		1	2	3	平均值					
溶剂	蒸馏水									
溶液	原始溶液									
	加 5 mL 水									
	加 5 mL 水									
	加 5 mL 水									
	加 10 mL 水									

（2）分别用 $\dfrac{\eta_{sp}}{c}$ 对 c 及 $\dfrac{\ln\eta_r}{c}$ 对 c 作图，求 $[\eta]$。

（3）求出聚乙二醇的相对分子质量 M。

（4）特性黏度测定的过程中，如出现异常现象，以 $\dfrac{\eta_{sp}}{c}$-c 曲线的截距求 $[\eta]$。

七、思考题

（1）影响黏度准确测量的因素是什么？

（2）实验过程为什么必须严格控制温度精度范围？

实验二十　摩尔折射率的测定

一、实验目的

（1）了解阿贝折射仪的构造和工作原理，正确掌握其使用方法。
（2）了解分子极化率与摩尔折射率的关系。
（3）掌握使用摩尔折射率确定分子结构的方法。

二、实验原理

摩尔折射率（R）是由于在光的照射下分子中电子云（主要是价电子）相对于分子骨架的相对运动的结果。R 可作为分子中电子极化率的量度，其定义为

$$R = \frac{(n^2-1)M}{(n^2+2)d} \qquad （20\text{-}1）$$

式中，M 为分子量，d 为物质密度，n 为物质的折射率。

实验结果表明，摩尔折射率具有加和性，即摩尔折射率等于分子中各原子折射率及形成化学键时折射率的增量之和。离子化合物其克式量折射率等于其离子折射率之和。利用物质摩尔折射率的加和性质，就可根据物质的化学式算出其各种同分异构体的摩尔折射率并与实验测定结果做比较，从而探讨原子间的键型及分子结构。如表 20-1 所示为原子及化学键的摩尔折射率。

表 20-1　原子折射率及形成化学键时折射率的增量 R　　单位：$cm^3 \cdot mol^{-1}$

原子或化学键	R	原子或化学键	R
H	1.028	N（脂肪族的）	2.744
C	2.591	N（芳香族的）	4.243
酯类	1.764	腈	5.459
醇	2.546	三元环	0.614
Cl	5.844	四元环	0.317
Br	8.741	五元环	− 0.19
I	13.954	六元环	− 0.15

两种完全互溶的液体形成混合溶液时，其组成和折射率之间为近似线性关系。测定若干个已知组成的混合液的折射率即可绘制成混合溶液的折射率-组成浓度曲线。再测定位置组成的该混合物实验的折射率，便可以从折射率-组成曲线中查出其组成。

三、仪器和试剂

仪器：阿贝折射仪；超级恒温槽；电子天平；比重瓶；滴管。

试剂：二氯乙烷（$CH_2CH_2Cl_2$，A. R）；四氯化碳（CCl_4，A. R）；乙酸乙酯（$CH_3COOC_2H_5$，A. R）；乙酸甲酯（CH_3COOCH_3，A. R）；乙醇（C_2H_5OH，A. R）。

四、实验步骤

（1）液体密度的测定。

先用电子分析天平称量干燥且空体积为 5 mL 的比重瓶的质量 m_0，然后将待测液体注入瓶中，盖上瓶塞并恒温 5～10 min，称其质量 m；最后比重瓶中注入蒸馏水，盖上瓶塞恒温后称量得 $m_水$，待测液体的密度（g·cm^{-3}）为

$$d = \frac{m - m_0}{m_水 - m_0} \times d_水$$

（2）折射率的测定。

将测定完密度的溶液继续用阿贝折射仪测定其折射率。

（3）配制乙醇溶液。

配制乙醇含量（体积分数）分别为 1%、5%、10%、15%、20% 的乙醇溶液各 25 mL，混匀贴上标签，按 1～5 顺序编号。然后分别测溶液的折射率，再测未知组成的混合物试样的折射率。

五、实验关键

（1）每次测定时，试样不可加得太多，一般只需加 2～3 滴即可。

（2）若待测试样折射率不在 1.3～1.7，则阿贝折射仪不能测定，也看不到明暗分界线。

六、数据处理

（1）将数据记录在如表 20-2 所示中，求算所测各化合物的密度，计算出各化合物的摩尔折射率。

表 20-2　数据记录表

	m_0	m	$m_水$	d	n	R
$CH_2CH_2Cl_2$						
CCl_4						
$CH_3COOC_2H_5$						
CH_3COOCH_3						

（2）根据各化合物的摩尔折射率，求出 CH_2、Cl、C、H 等基团或原子的摩尔折射率。

（3）画出乙醇的折射率-组成曲线，算出未知组成的混合物试样的折射率。

七、思考题

（1）按如表 20-1 所示数据，计算上述化合物的摩尔折射率的理论值，并与实验值作比较。

（2）讨论摩尔折射率实验值与理论值产生误差的原因。

附：阿贝折射仪的操作及使用方法

1. 仪器的校准

如图 20-1 所示为典型的阿贝折射仪装置。在开始测定前，必须先用蒸馏水或用标准试样校对读数。如用标准试样则在折射棱镜的抛光面加 1~2 滴溴代萘，再贴上标准试样的抛光面，当读数视场指示于标准试样上之值时，观察望远镜内明暗分界线是否在十字线中间，若有偏差则用螺丝刀微量旋转小孔内的螺钉，带动物镜偏摆，使分界线相位移至十字线中心。通过反复地观察与校正。使示值的起始误差降至最小（包括操作者的瞄准误差）。校正完毕后，在以后的测定过程中不允许随意再动此部位。

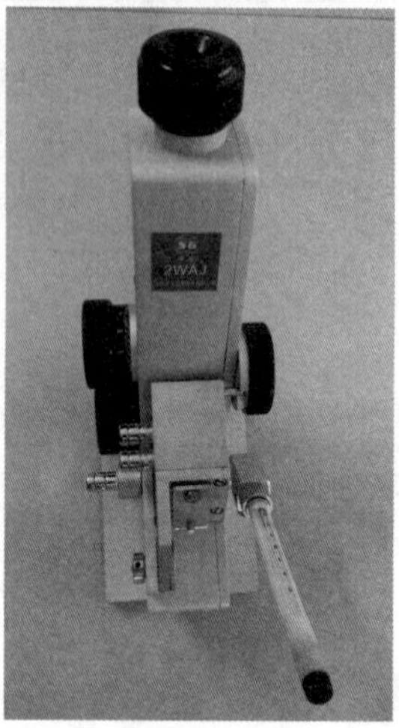

每次测定工作之前及进行示值校准时，进光棱镜的毛面、折射棱镜的抛光面以及标准试样的抛光面，要用无水酒精与乙醚（1:1）的混合液和脱脂棉轻擦干净，以免留有其他物质，影响成像清晰度和测量准确度。

2. 测定方法

图 20-1　阿贝折射仪装置图

将被测液体用干净滴管加在折射棱镜表面，并将进光棱镜盖上，用手轮锁紧，要求液层均匀，充满视场，无气泡。打开遮光板，合上反射镜，调节目镜视度，使十字线和读数标尺成像清晰，此时旋转上部色散手轮并在目镜视场中找到明暗分界线的位置，继续旋转手轮使分界线不带任何彩色。微调下部刻度手轮，使分界线位于十字线的中心，再适当转动聚光镜，此时目镜视场下方标尺显示的示值即为被测液体的折射率。

实验二十一　配合物组成及稳定常数测定

一、目的要求

（1）加深理解配合——解离平衡原理。

（2）用等摩尔系列法测定配合物的组成及稳定常数。

（3）学习 722 分光光度计的使用。

二、实验原理

单色光（具有一定波长的光）通过有色溶液后，有一部分被有色物质吸收。有色物质对光的吸收程度（用吸光度 A 表示）与其厚度（b）和浓度（c）成正比：

$$A = \varepsilon bc$$

这就是朗伯-比尔定律，ε 是比例常数，称为摩尔吸光系数。当波长一定时，它是有色物质的一个特征常数。用分光光度法研究溶液中的配合物时，其前提就是体系中形成的有色配合物对光的吸收行为必须服从朗伯-比尔定律。

本实验利用等摩尔连续变化法测定铁（Ⅲ）与钛铁试剂所形成配合物的组成和稳定常数。

设配合物是由金属离子 M 与配体 L 组成的。维持金属离子 M 和配体 L 的总物质的量不变，而连续改变两个组分的比例，测量这一系列溶液的吸光度 A，然后以 A 对 M（或 L）的浓度 c_M（或 c_L）或者它们的摩尔分数 x_M（或 x_L）作图，如图 21-1 所示。

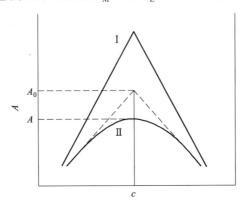

图 21-1　等摩尔连续变化法测定配合物的组成和不稳定常数

曲线转折点所对应的 M 和 L 的浓度的比值即为该配合物的组成比。如果所形成的配合物稳定性很高，则其转折点明显，如图中 I 线所示；如果所形成的配合物稳定性较差，如图中曲线 II 所示，此时可以用延长两条线使之相交的方法求得转折点。

设配合物的生成反应为

$$M + nL \rightleftharpoons MLn \tag{21-1}$$

经推导可得

$$n = \frac{1-x}{x} = \frac{c(L)}{c(M)} \tag{21-2}$$

式中，x 为配体 L 的摩尔分数，$c(M)$、$c(L)$ 为吸光度最大点（转折点）所对应的两组分浓度。如上面所述用等摩尔连续变化法求配合物组成的方法一样，当配合物稳定性大时，得到如图 21-1 所示 I 线；当配合物稳定性差时，得到如图 21-1 所示 II 线。正是由于配合物的解离，使吸光度 A_0 下降到 A。因此，配合物的离解度 α 可表示为

$$\alpha = \frac{A_0 - A}{A_0} \tag{21-3}$$

可见，吸光度降低的程度与配合物的稳定性有关，因此配合物的稳定常数 $K_{稳}$ 为

$$K_{稳} = \frac{[ML_n]}{[M][L]^n} \tag{21-4}$$

设配合物不离解时在转折点处的浓度为 c，则在平衡时，

$$[ML_n] = (1-\alpha)c$$

$$[M] = \alpha c$$

$$[L] = n\alpha c$$

由此可得

$$K_{稳} = \frac{(1-\alpha)c}{(\alpha c)(n\alpha c)^n} = \frac{1-\alpha}{n^n \alpha^{n+1} c^n} \tag{21-5}$$

在转折点处可以求得 n 值，吸光度 A 可以从实验中测得，而 A_0 值可以用外推法求得，所以可根据上式计算求得配合物的 $K_{稳}$ 值。

当 $n=1$，即生成 ML 型配合物时，则

$$K_{稳} = \frac{1-\alpha}{\alpha^2 c} = \frac{A/A_0}{(1 - A/A_0)^2 c} \tag{21-6}$$

三、仪器与试剂

仪器：722 型分光光度计、烧杯、50 mL 容量瓶、10 mL 吸量管。

试剂：Fe^{3+} 标准溶液，0.002 50 mol·L^{-1}，用分析纯硫酸高铁铵或硝酸铁配制，加少

量酸酸化；NaAc-HAc 缓冲溶液（pH4.6）；0.002 50 mol·L^{-1} 钛铁试剂（邻苯二酚-3，5-二磺酸钠，$M = 314.20$）。

四、实验步骤

（1）系列溶液配制。

取 11 个 50 mL 容量瓶，如表 21-1 所示体积加入 Fe^{3+}标准溶液和钛铁试剂。然后各加 10.0 mL NaAc-HAc 缓冲溶液，用蒸馏水稀释至刻度。

表 21-1　数据记录表

编　　号	1	2	3	4	5	6	7	8	9	10	11
Fe^{3+}溶液体积/mL	0	1	2	3	4	5	6	7	8	9	10
钛铁试剂体积/mL	10	9	8	7	6	5	4	3	2	1	0
吸 光 度											

（2）吸光度的测定。

调节 722 分光光度计的波长在 610 nm 处，以蒸馏水为空白，用 1 cm 比色皿分别测定各溶液的吸光度，数据填入表中。

五、数据处理

（1）作图确定配合物的组成。
（2）计算 ML 型配合物的稳定常数。

六、思考题

（1）本实验成功的关键是什么？
（2）为什么要控制溶液的 pH？
（3）分光光度法测定配合物的稳定常数时应注意什么？
（4）若配合物的配位数 $n \neq 1$ 时，配合物稳定常数 K 的计算公式应如何推导？

附：722 分光光度计使用

722 型光度计是以碘钨灯为光源、衍射光栅为色散元件、端窗式光电管为光电转换器的单光束、数显式可见光分光光度计。波长范围 330 ~ 800 nm，吸光度范围 0 ~ 1.999，比色皿架有 4 个格子，具有浓度直读功能。

1．仪器面板（见图 21-2 ~ 图 21-5）

图 21-2　仪器外观

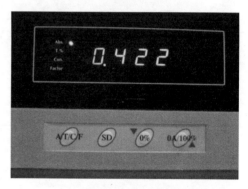

图 21-3　显示面板

图 21-4　波长调节旋钮

图 21-5　比色皿

2．操作使用方法和步骤

（1）预热调整。

① 接通电源前，应对仪器的安全性进行检查，电源线接线应牢固，电源电压是否正常，接地线是否牢固可靠，然后再接通电源。

② 调波长调节器至所需波长。

③ 开启电源开关，指示灯亮，预热 20 min。

（2）校正。

仪器面板只有 4 个键，分别为

A/T/C/F——功能转换键，用于选择测量功能；

SD——用于与计算机通讯传输数据；

▽/0%——用于在 T 状态下调零点；

0A/100%/△——用于在 A、T 状态下调参比。

A/T/C/F 转换键，用于选择测量功能，每按此键来切换 A、T、C、F 之间的值，A—吸光度（Absorbance）；T—透射比（Trans）；C—浓度（Conc.）；F—斜率（Factor）。校正方法如下。

① 打开吸收池暗室盖（光门自动关闭），转换到 T 状态，读数应为"0.0"，如不符，则按"0%"键，使数字显示为"00.0"。然后将参比溶液置于光路中，合上吸收池盖子，使光路接通，此时读数应为"100.0"，如不符，按"100%"键，使数字显示为"100.0"。

② 按上述方法连续观察调整"00.0"和"100.0"2～3 次，按"A/T/C/F"功能转换键置于吸光度测量（A）状态（Abs.指示灯亮），参比溶液显示为"0.000"，即可进行下面吸光度 A 的测量。

（3）测定。

将要测定的待测溶液推（拉）入光路中，所显示的数值即为待测液体的吸光度值 A。

（4）结束工作。

测量完毕，关闭电源，取出比色皿洗净，晾干，存于专用盒内。拔下电源插头，盖上防尘罩，填写使用记录。

3．比色皿使用注意事项

（1）每台仪器配备一套 4 个 1 cm 比色皿，由于比色皿本身的吸光度差异，同一盒比色皿不能与其他盒的比色皿混用；拿取比色皿时，应用手捏住毛玻璃面，避免接触其透光面。

（2）装溶液时先用待测溶液润洗比色皿内壁 2～3 次；测定系列溶液时，通常按由稀到浓的顺序测定；注入溶液的量以液面至比色皿的 3/4 左右为宜。

（3）比色皿外壁沾有溶液时用滤纸轻轻吸干，不能用滤纸擦拭。

（4）比色皿盒靠外第一格一般放参比溶液，将待测溶液放在后面 3 格，测完一批后更换后面 3 格的待测溶液。

（5）不要将盛有溶液的比色皿放在仪器面板上，以免玷污和腐蚀仪器，实验结束要及时把比色皿洗净、晾干放回盒中保存。

实验二十二　膨胀计法测定高聚物的玻璃化转变温度

一、实验目的

（1）掌握膨胀计法测定高聚物玻璃化转变温度的方法。
（2）了解升温速率对玻璃化转变温度的影响。

二、实验原理

某些液体在温度迅速下降时被固化成为玻璃态而不发生结晶作用就叫作玻璃化转变，其发生转变时的温度称玻璃化温度，记作 T_g。高聚物具有玻璃化转变现象。高聚物的玻璃化转变对非晶态高聚物而言，是指其从玻璃态到高弹态的转变（温度由低到高），或从高弹态到玻璃态的转变（温度由高到低）；对晶态高聚物来说，是指其中非晶部分的这种转变。玻璃化转变温度 T_g 是高聚物的特征温度之一，它是高分子链柔性的指标，可以作为高聚物的特征指标。

自由体积理论认为，温度越高，自由体积越大，越有利于链段中的短链作扩散运动而不断进行构象重排；温度越低，自由体积越小，在玻璃化温度下，由于自由体积减小到一临界值，链段运动被冻结，就发生玻璃化转变。以比容对温度作图，在玻璃化转变温度 T_g 时，出现转折点，曲线的斜率值发生了明显的变化，如图 22-1 所示。

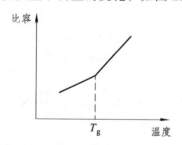

图 22-1　聚合物的比容-温度曲线

在玻璃化转变过程中物理性质的显著变化，都可用来研究玻璃化转变的本质和测量玻璃化温度，其中利用体积变化来测定 T_g 的方法——膨胀计法是一种简单和经典的方法。T_g 依赖于测定方法和升温（或降温）速率，例如升温速率慢，T_g 较低，升温速率快，T_g 就较高，因此测定高聚物的玻璃化转变温度时，通常采用的是 $1 \sim 2\ ℃/min$。T_g 的大小还和外力有关：单向的外力能促使链段运动，外力越大，T_g 降低就越多；外力的频率变化引起玻璃化转变点的变化，频率增加则 T_g 升高。除了外界条件的影响外，T_g 主要受到高聚物本身化学结构的支配，同时也受到其他结构因数的影响，例如共聚、交联、增塑以及分子量等。如图 22-2 所示即为聚苯乙烯的 T_g 随分子量的变化，可以看出，随着分子量的增大，聚苯乙烯的玻璃化转变温度 T_g 随之升高，两者之间的关系可以表示为

$$T_g = T_g(\infty) - \frac{K}{\overline{M_n}}$$

式中，$T_g(\infty)$ 为无穷大时聚合物的玻璃化转变温度，K 为一常数，$\overline{M_n}$ 为平均分子量。

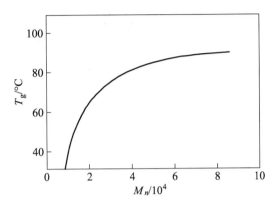

图 22-2　聚苯乙烯的分子量与 T_g 的关系

本实验采用体膨胀计直接测量聚合物的体积随温度的变化，以体积变化对温度作图，从曲线的两个直线段外推得一交点，此交点对应的温度即为该高聚物的玻璃化温度 T_g。

三、仪器与试剂

仪器：膨胀计；恒温槽；温度计。
试剂：颗粒状尼龙-6；丙三醇。

四、实验步骤

（1）将膨胀计洗净、干燥待用。
（2）在膨胀计中装入尼龙-6 颗粒，直至膨胀计总体积的 4/5 左右。
（3）在膨胀计内加满介质丙三醇。为保证实验精确性，需用玻璃棒轻轻搅动排除膨胀计内气泡，直到尼龙颗粒上没有吸附气泡。实验条件许可也可采用抽气法排气。
（4）装入毛细管，使丙三醇的液面在毛细管下部，磨口接头用弹簧固定。如果毛细管内有气泡要重装。
（5）把装好的膨胀计浸入恒温槽中，控制恒温槽升温速率为 1 ℃/min。
（6）在 30～55 ℃ 每升温 1 ℃ 读数一次温度和毛细管内丙三醇液面的高度，直到 55 ℃ 为止。

（7）重复步骤（5）和（6），但升温速率改为 2 ℃/min。若用同一膨胀计则重复前要将已装好样品的膨胀计经充分冷却。

五、实验关键

（1）填充液不能与聚合物发生反应，也不能使聚合物溶解或溶胀。
（2）严格控制升温速率。

六、数据处理

用毛细管内液面高度对温度作图。从两直线段分别外延，交点即为该升温速率下尼龙-6 的玻璃化转变温度 T_g 值。

七、思考题

（1）高聚物的玻璃化转变温度有哪些影响因素？
（2）若膨胀计内样品数量太少，有何影响？

实验二十三 偏光显微镜法测定聚合物球晶半径

一、实验目的

（1）了解偏光显微镜的基本结构和原理。
（2）掌握偏光显微镜的使用方法及目镜测微尺的标定方法。
（3）观察聚合物的结晶形态。

二、实验原理

聚合物在不同条件下形成不同的结晶，其中球晶是聚合物结晶中最常见的一种形式。球晶的基本结构单元是具有折叠链结构的片晶,球晶是从一个中心（晶核）在三维方向上一齐向外生长晶体而形成的径向对称的结构，即一个球状聚集体，由于是各向异性的，就会产生双折射的性质。因此，能够用偏光显微镜对球晶进行观察，聚合物球晶在偏光显微镜的正交偏振片之间呈现出特有的黑十字消光图形,黑十字的两臂分别平行于两偏振轴的方向，而除了两偏振片振动的方向外，其余部分就出现了因折射而产生的光亮。偏光显微镜法观察球晶最为直观，且制样方便，仪器简单。如图 23-1 所示为典型的偏光显微镜。

三、仪器与试剂

仪器：偏光显微镜；盖玻片。
试剂：载玻片；聚丙烯颗粒。

四、实验步骤

图 23-1 偏光显微镜

（1）偏光显微镜的调节。

装上目镜和物镜，目镜需带有分度尺，把显微尺放载物台上，打开照明电源，调节焦距至显微尺清晰可见，调节载物台使目镜分度尺与显微尺基线重合。

（2）样品的制备。

将聚丙烯颗粒放于干净的载玻片上，盖上盖玻片，放在 200 ℃ 的电热板上熔融，恒温

5 min，关掉电热板，冷却至室温，制得聚丙烯薄膜。

（3）聚丙烯薄膜的结晶形态观察及球晶半径测量。

将步骤（2）制得的试样置于载物台中心，在正交偏振条件下观察球晶形态，读出相邻两球晶中心连线在分度尺上的刻度，即可求出球晶半径。

五、实验关键

偏光显微镜的调节及分度尺读数。

六、数据处理

计算球晶半径大小。

七、思考题

（1）解释球晶黑十字消光图案的原因。

（2）聚合物的结晶形态有哪些？

模块三　现代仪器分析检测实验

实验二十四　晶体物质的 X 射线衍射分析

一、实验目的

（1）掌握 X 射线衍射原理。

（2）熟悉 X 射线衍射仪的基本结构。

（3）了解晶体物质 X 射线衍射测试方法及其分析技巧。

二、实验原理

自 1896 年 X 射线被发现以来，利用 X 射线进行分辨的物质系统越来越复杂。从简单晶体物质到复杂的生物大分子系统，X 射线已经能够为我们提供更多关于物质静态结构的信息。在各种物质结构的测量方法中，X 射线衍射分析法具有不损伤样品、无污染、快速便捷、测量精度高、并能得到有关晶体完整性的大量信息等优点。由于晶体存在的普遍性以及晶体的特殊性能，使得及其在计算机、航空航天、新能源、生物工程等学科领域得到广泛应用，人们对晶体的研究日益深入，这使得 X 射线衍射分析成为研究晶体物质最方便、最重要的手段。

早在 1912 年，德国物理学家劳埃等人根据理论预见，并用实验证实了 X 射线与晶体相遇时能发生衍射现象，证明了 X 射线具有电磁波的性质，这成为 X 射线衍射学的第一个里程碑。当一束单色的 X 射线入射到晶体时，由于晶体是由原子规则排列成的晶胞所组成，这些规则排列的原子间距离与入射 的 X 射线波长有相同的数量级，因此由不同原子散射的 X 射线相互干涉，在某些特殊方向上会产生强 X 射线衍射。这些衍射线在空间分布的方位和强度，与晶体的结构密切相关，这就是 X 射线衍射分析的基本原理。

衍射线的空间方位与晶体结构的关系可用布拉格方程表示：

$$2d\sin\theta = n\lambda$$

式中，d 为晶面间距；n 为反射级数；θ 为掠射角；λ 为 X 射线的波长。布拉格方程是 X 射线衍射分析的基本依据。

三、仪器和试剂

仪器：D8-ADVANCE 型 X 射线衍射仪，如图 24-1 所示。
样品：要求形态为粉末，粒度越小越好，干燥，质量为 20 g。

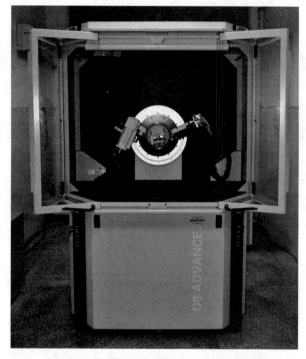

图 24-1　D8-ADVANCE 型 X 射线衍射仪

四、实验步骤

1．操作规程

（1）开总电源开关。

（2）开启冷却水装置。

（3）开启机器电源（机器后面 ELB 开关）。

（4）开启计算机，建立工作站与机器连接。

（5）开启 X 射线管电源，打开射线（射线开启时机器上部指示灯红灯亮）。

（6）打开测量系统，设置测量参数。管电压和管电流值设置不能使机器总功率超过 1.6 kW；设置 2θ 角最小不能低于 10°。

（7）根据试样选取合适的样品板，并将样品表面抹平或压平。将样品插入样品台，换样品打开机器滑动门时，必须先按门下方"Door"按钮，此时该按钮黄灯闪烁，方可开门；关门时用力要轻。

（8）点击测量窗口左上边黄色图标，开始测量。

（9）退出测量程序。

（10）使管电压、电流最小化，然后关闭射线和 X 射线管电源。

（11）中断连机状态，关计算机。

（12）30 min 后关循环水装置电源。

（13）关闭总电源（请勿关闭备用电源）。

2．注意事项

（1）XRD 仪器超过 1 个星期未开机，必须预先进行灯管老化。

（2）若操作过程中机器突然报警，查看故障号码，根据故障原因分别进行处理。

（3）若出现失火等其他紧急情况，按下"EMERGENCY"按钮，切断总电源，与维修人员联系。

五、思考题

（1）粉体粒径的大小对分析结果有何影响？

（2）非晶体物质是否可以进行 X 衍射分析，为什么？

（3）如何进行晶粒尺寸的计算，需要哪些已知参数？

实验二十五　原子力显微镜测试晶体表面形貌

一、实验目的

（1）了解原子力显微镜扫描的原理、工作模式。
（2）了解轻敲操作模式下对晶体物质的测试方法。

二、实验原理

IBM 公司苏黎世研究中心在 1985 年发明了原子力显微镜（AFM），AFM 是一种强大的技术，它能让几乎任何类型的表面，包括聚合物，陶瓷，复合材料，甚至是生物样品成像。除物理、化学、生物等领域外，AFM 在微电子、微机械学、新型材料、医学等领域都有着广泛的应用。如图 25-1 所示为 Agilent 公司的 5500 型原子力显微镜。一般而言 AFM 由直径约 10~20 nm 的尖锐尖端组成，该尖端连接到悬臂上。AFM 尖端响应于尖端与表面的相互作用而移动，并且通过用光电二极管聚焦激光束来测量该运动。原子力显微镜的工作模式是以针尖与样品之间的作用力的形式来分类的，主要有 3 种操作模式：接触模式（Contact mode）、非接触模式（Non-contact mode）和轻敲模式（Tapping mode）。在接触模式中，AFM 尖端与表面连续接触。非接触式是利用原子吸引力之间的变化而产生轮廓。敲击模式下 AFM 悬臂在样品表面上方振动，因此尖端仅与表面间歇接触。这个过程有助于减轻尖端运动相关的剪切力。AFM 操作模式是根据实验人员的经验和需求而不同，但轻敲模式是 AFM 常用的操作模式。

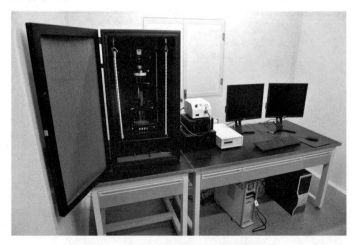

图 25-1　5500AFM 原子力显微镜

不同于电子显微镜只能获取样品的 2D 图像，AFM 能获得样品真正的 3D 的表面形貌。此外，AFM 检测样品时不需要任何特殊处理，不会改变或损坏样品。电子显微镜需要昂贵的真空环境才能正常运行，而大多数 AFM 可以在环境空气中很好地工作。

三、仪器和试剂

仪器：原子力显微镜（5500 AFM，Agilent Technologies 公司），胶带，云母片，镊子，夹具等。

样品：所测物质尺寸需要纳米级尺寸，表面要求光滑，平整，避免凹凸不平。

四、实验步骤

（1）开电源，打开计算机主机开关、显示器开关，打开原子力显微镜主控制机箱电源开关，ACmode 控制器开关打开，再把摄像头安装进仪器，注意，摄像头要瞄准，位置准确，不然很容易断针。装好后拧紧最右边的螺母固定。再把同颜色的插头接上。

（2）打开计算机上 picoview 软件，要用到的界面窗口已经打开。

（3）样品处理。

试样为固体时，将待测面朝上，背面用双面胶固定在干净的载片上，再将制作好的载试样盘安装到仪器上待测。

试样为液体时，需要放到云母片上再测试，云母片载试样的一面必须光滑，无杂物。把云母片放到胶带上，粘出不光滑的云母片，撕下来，一直粘到光滑的云母片为止，再把试样滴到光滑的云母片上，把磁石放到圆片上，中间粘上双面胶，把装有试样的云母片固定在磁石上，再把制作好的载试样盘安装到仪器上，手一定要稳。

（4）把激光打开，调整激光螺母调节，先左右，再上下，一定要把激光调到最亮，最大，保证激光位于微悬臂尖端，调整四象限检测仪上的左右，上下螺母，使得 deflection 或 friction 的数值为零（在正负 0.2 V 数值以下就可）。

（5）成像，关闭减振舱箱门，找到 AC Tune 界面—Auto—peak amplitude 为 2 ~ 7（尽量使用小的振幅来获得清晰图像），其余参数都已设好，点击 autotune 按钮，等待系统自动调屏（注意，每次下针前都需做一次 autotune）。调屏完成后有一个下针按钮，点击，此时针尖会自动逼近样品表面，待针尖到达表面并达到设置作用力数值时，会出现一个界面（如果 deflection 在针尖逼近过程中数值发生突变，说明针尖已经真正逼近样品）。点击按钮激活扫描，此时会看到 trace/retrace 面板中出现两条追踪曲线，图像面板中逐渐出现样品表面形貌。

五、思考题

（1）简述原子力显微镜的原理和应用领域。

（2）和扫描隧道显微镜（STM）相比，原子力显微镜（AFM）有哪些优缺点？

实验二十六 ICP-AES 测定水样中的微量 Cu 和 Zn

一、实验目的

（1）掌握 ICP-AES 的工作原理和操作技术。
（2）掌握 ICP-AES 的基本操作技术。
（3）了解 ICP-AES 的基本应用。

二、实验原理

通过测量物质的激发态原子发射光谱线的波长和强度进行定性和定量分析的方法叫发射光谱分析法。根据发射光谱所在的光谱区域和激发方法不同，发射光谱法有许多技术，用等离子炬作为激发源，使被测物质原子化并激发气态原子或离子的外层电子，使其发射特征的电磁辐射，利用光谱技术记录后进行分析的方法叫电感耦合等离子原子发射光谱分析法（1CP-AES）。ICP 光源具有环形通道、高温、惰性气氛等特点。因此，ICP-AES 具有检出限低（$10^{-9} \sim 10^{-11}$ g·L^{-1}）、稳定性好、精密度高（0.5%~2%）、线性范围宽、自吸效应和基体效应小等优点，可用于高、中、低含量的 70 个元素的同时测定。

其分析信号源于原子/离子发射谱线，液体试样由雾化器引入 Ar 雾化气，经干燥、电离、激发产生具有特定波长的发射谱线，波长范围为 120~900 nm，即位于紫外、可见光区域。

发射光信号经过单色器分光、光电倍增管或其他固体检测器将信号转变为电流进行测定。此电流与分析物的浓度之间具有一定的线性关系，使用标准溶液制作工作曲线可以对某未知试样进行定量分析。

三、仪器和试剂

仪器：720-ES 电感耦合等离子体光谱仪，如图 26-1 所示。

试剂：CuSO$_4$（A. R）、Zn(NO$_3$)$_2$（A. R）、HNO$_3$（G. R）、配制用水均为二次蒸馏水。

铜储备液：准确称取 0.126 g CuSO$_4$（相对分子质量 159.61 g）于 50 mL 容量瓶，加入 1%（V/V）硝酸定容至 50 mL，配制 1 mg/mL Cu^{2+}储备液。取储备液准确稀释 10 倍后作为配制溶液所用的工作液，浓度为 0.10 mg/mL。

锌储备液：准确称取 0.097 g Zn(NO$_3$)$_2$（相对分子质量 127.39 g）于 50 mL 容量瓶，加入 1%（V/V）硝酸定容至 50 mL，配制 1 mg/mL Zn^{2+}储备液。取储备液准确稀释 10 倍后

作为配制溶液所用的工作液，浓度为 0.10 mg/mL。

图 26-1　720-ES 电感耦合等离子体光谱仪

四、实验步骤

1．标准溶液的配制

先在实验室配制好 Cu^{2+}、Zn^{2+} 混合系列标准溶液：

取 0.10 mg/mL 的 Cu^{2+}、Zn^{2+} 标准工作溶液，配制成浓度为 1.00、5.00、10.00 μg/mL 的 3 个混合标准系列溶液。

2．ICP-AES 仪器测定条件的设定

工作气体：氩气；等离子气流量：15.0 L/min。雾化气流量 0.75 L/min。辅助气流量：1.5 L/min。一次读数时间 3.00 s/d。

分析波长：Cu 为 324.754 nm，327.395 nm；Zn 为 334.502 nm，213.857 nm。

3．待测试样的制备

以自来水作为待测试样，准确吸取 5.0 mL 水样于 50 mL 容量瓶中，加入 5 mL 1%（V/V）硝酸溶液定容至刻度。

4．ICP-AES 仪器的操作

（1）开机程序。

① 检查外电源及氩气供应。

② 检查排废，排气是否畅通，室温控制在 15 ~ 30 ℃。

③ 装好进样管、废液管。

④ 打开供气开关。

⑤ 开启主机电源。

⑥ 打开计算机，打开软件 ICPexpert，氩气吹扫延迟后，开冷却水，点燃等离子体。

⑦ 进入到方法编辑页面。

⑧ 在方法编辑页面里，分别输入被测元素的各种参数。

⑨ 按下述操作进行分析测试。

（2）工作曲线和试样分析。

① 吸入空白溶液，得到空白溶液中 Cu^{2+}、Zn^{2+} 的发射信号。

② 由低浓度至高浓度分别吸入混合标准溶液，得到不同浓度所对应的 Cu^{2+}、Zn^{2+} 的发射信号强度。

③ 吸入待测水样溶液，分别得到 Cu^{2+}、Zn^{2+} 的发射信号强度。

五、分析结果与讨论

（1）应用 ICP 软件，制作 Cu 和 Zn 工作曲线。

（2）工作曲线的线性：应用软件计算试样溶液中 Cu、Zn 的浓度。

六、思考题

（1）简述 ICP 的工作原理。

（2）说明光谱定性分析的具体过程。

实验二十七　固体有机化合物样品的红外光谱分析

一、实验目的

（1）掌握红外光谱分析固体样品的制备技术。

（2）了解如何根据红外光谱识别官能团，了解苯甲酸的红外光谱图。

二、实验原理

将固体样品与卤化碱（通常是 KBr）混合研细，并压成透明片状，然后放到红外光谱仪上进行分析，这种方法就是压片法。压片法所用的碱金属的卤化物应尽可能的纯净和干燥，试剂纯度一般应达到分析纯，可以用的卤化物有 NaCl、KCl、KBr、KI 等。由于 NaCl 的晶格能较大，不易压成透明薄片，而 KI 又不易精制，因此大多采用 KBr 或者 KCl 做样品载体。

由于氢键的作用，苯甲酸通常以二分子缔合体的形式存在。只有在测定气态样品或非极性溶剂的稀溶液时，才能看到游离态苯甲酸的特征吸收。用固体压片法得到的红外光谱中显示的是苯甲酸二分子缔合体的特征，在 $2\,400 \sim 3\,000\ cm^{-1}$ 处是 O—H 伸展振动峰，峰宽且散，由于受氢键和芳环共轭两方面的影响，苯甲酸缔合体的 C═O 伸缩振动吸收位移到 $1\,700 \sim 1\,800\ cm^{-1}$ 区（而游离 C═O 伸展振动吸收是在 $1\,710 \sim 1\,730\ cm^{-1}$ 区，苯环上的 C═C 伸展振动吸收出现在 $1\,480 \sim 1\,500\ cm^{-1}$ 和 $1\,590 \sim 1\,610\ cm^{-1}$），这两个峰是鉴别有无芳核存在的标志之一，一般后者峰较弱，前者峰较强。

三、仪器和试剂

仪器：Spectrum One 傅里叶变换红外光谱仪及附件，如图 27-1 所示。KBr 压片模具及附件、玛瑙研钵、红外烘箱、压片机等。

试剂：苯甲酸（A. R）、KBr（A. R）、无水乙醇（A. R）等。

四、实验步骤

（1）在玛瑙研钵中分别研磨 KBr 和苯甲酸至 $2\ \mu m$ 细粉，然后置于烘箱中烘 $4 \sim 5\ h$；烘干后的样品置于干燥器中待用。

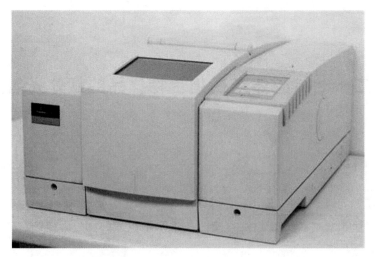

图 27-1　Spectrum One 傅里叶变换红外光谱仪

（2）取 1～2 mg 的干燥苯甲酸和 100～200 mg 的干燥 KBr，一并倒入玛瑙研钵中进行研磨直至混合均匀。

（3）取少许上述混合物粉末倒入压片模中压制成透明薄片，然后放到红外光谱仪上进行测试。

（4）测定一个未知样的红外光谱图。

五、实验结果处理

（1）解析苯甲酸红外谱图中的各官能团的特征吸收峰，并做出标记。

（2）将未知化合物官能团区的峰位列表，并根据其他数据指出可能结构。

六、思考题

（1）测定苯甲酸的红外光谱，还可以用哪些制样方法？

（2）影响样品红外光谱图质量的因素是什么？

实验二十八　微量物质的荧光光谱分析

一、实验目的

（1）学习荧光分析法的基本原理。

（2）了解荧光光度计的构造，掌握其使用方法。

二、实验原理

维生素 B_2（即核黄素）在 $430 \sim 440$ nm 蓝光照射下会发生绿色荧光，荧光峰值波长为 535 nm，在 pH 值 $6 \sim 7$ 溶液中荧光最强，在 pH 值 11 时荧光消失。

三、仪器和试剂

仪器：荧光分光光度计，Varian 公司产 Cary Eclipse 型，如图 28-1 所示；容量瓶 50 mL 6 个；吸量管 5 mL 1 支.

试剂：称取 10.0 mg 维生素 B_2，先溶解于少量的 1% 醋酸中，然后在 1 L 容量瓶中，用 1% 醋酸稀释至刻度，摇匀，即得 10.0 μg/mL 的液维生素 B_2 标准溶液。溶液应保存在棕色瓶中，置于阴凉处。

图 28-1　Cary Eclipse 型荧光
分光光度计

四、实验步骤

（1）配制系列标准溶液。

取 5 个 50 mL 容量瓶，分别加入 1.00 mL、2.00 mL、3.00 mL、4.00 mL 及 5.00 mL 维生素 B_2 标准溶液，用水稀释至刻度，摇匀。

（2）标准曲线的绘制。

测量系列标准溶液中其他溶液的荧光强度。

（3）未知试样的测定。

将未知试样溶液置于 50 mL 容量瓶中，用水稀释至刻度，摇匀，在绘制标准曲线时相同的条件下，测量荧光强度。

五、数据及处理

（1）记录不同浓度时的荧光强度，并绘制标准曲线。

（2）记录未知试样的荧光强度，并从标准曲线上求得其原始浓度。

实验二十九　气相色谱法测定乙醇中乙酸乙酯的含量

一、实验目的

（1）掌握气相色谱中利用保留值进行定性的方法。
（2）学习外标法进行定量分析的方法和计算。
（3）了解氢火焰离子化检测器的原理和应用。

二、实验原理

当一混合物样品分离之后，利用已知物保留值对各色谱峰进行定性分析是色谱法中最常用的一种定性方法。它的依据是在相同的色谱操作条件下，同一种物质应具有相同的保留值，当用已知物的保留时间（保留体积、保留距离）与未知物组分的保留时间进行对照时，若两者的保留时间完全相同，则认为它们可能是相同的化合物。这个方法以各组分的色谱峰必须分离为单独峰为前提的，同时还需要有作为对照用的标准物质。

外标法定量使用组分 i 的纯物质配制成已知浓度的标准样，在相同的操作条件下，分析标准样和未知样，根据组分量与相应峰面积或峰高呈线性关系，则在标准样与未知样进样量相等时，由下式计算组分的含量：

$$w_i = \frac{A_i}{A_{is}} w_{is}$$

式中　w_{is}——标准样品中组分 i 的含量；

　　　w_i——待测试样中组分 i 的含量；

　　　A_{is}——标准样品中组分 i 的峰面积；

　　　A_i——待测试样中组分 i 的峰面积。

外标法也可以用欲测组分的纯物质来制作标准曲线。用欲测组分的纯物质加稀释剂配制成不同质量分数的标准溶液，取固定量标准溶液进样分析，从所得色谱图上测定相应信号（峰面积或峰高），然后绘制响应信号对质量分数标准曲线。分析时，取和绘制的标准曲线时同样量的试样（固定量进样），测得该试样的响应信号，由标准曲线即可查出其质量分数。

在一定的色谱条件下，组分 i 的质量 m_i 或其在流动相中的浓度，与检测器的响应讯号峰面积 A_i 成正比：$m_i = f_i' \cdot A_i$，f_i' 称为绝对校正因子，m_i 可用质量、物质的量及体积等物理量表示，相应的校正因子分别称为质量校正因子、摩尔校正因子和体积校正因子。由于绝对校正因子受仪器和操作条件的影响很大，其应用受到限制，一般采用相对校正因子。相对校正因子是指组分 i 与标准物质 s 的绝对校正因子之比，即 $f = \dfrac{A_s \cdot m_i}{A_i \cdot m_s}$。归一化定量方法是将样品中所有组分含量之和按 100%计算，以它们相应的响应信号为定量参数，通过下式计算各组分的质量分数：

$$w_i = \frac{m_i}{m_{\text{总}}} = \frac{f_i \cdot A_i}{\sum\limits_{i=1}^{n} f_i \cdot A_i} \times 100\%$$

三、仪器和试剂

仪器：PE Clarus 500 GC；Total chrom 色谱工作站 ；微量注射器（1 μL）；比色管、移液管。

试剂：无水乙醇、乙酸乙酯。

四、实验步骤

（1）实验条件。

PE 毛细管色谱柱。

载气流量 2.0 mL/min，空气 450 mL/min，氢气 45 mL/min。

检测器：氢火焰离子化检测器。

柱温，80 ℃；气化室温度 150 ℃；检测器温度 200 ℃。

（2）乙醇、乙酸乙酯保留时间的测定。

分别注入 1.0 μL 纯乙醇、乙酸乙酯样品，目的是利用保留时间对混合物中的峰进行指认。

（3）乙醇中乙酸乙酯含量的测定。

取无水乙醇 5 份，每份 3.5 mL，分别加入纯乙酸乙酯 0.5 mL，1.0 mL，1.5 mL，2.0 mL，3.0 mL 配得标准溶液 5 瓶，从每瓶中吸取 0.5 μL 注入色谱仪得各标准溶液色谱图，取试样溶液 0.5 μL，在相同条件下进行分析，得色谱图。

（4）校正因子的测定。

取 0.5 μL 第五个标准溶液，进行色谱分析。分别测出相应的峰面积，以乙醇为标准，计算出相对校正因子（无水乙醇密度 0.789 g/mL，乙酸乙酯密度 0.901 g/mL）。

（5）后期处理。

实验完毕，用乙醇清洗 1 μL 注射器，退出色谱工作站，点击关闭气化室、色谱柱、检测器的升温加热，并继续通气 30 min，等待仪器冷却。然后关闭气相色谱仪电源，最后关闭载气阀门。

五、数据记录和处理

（1）绘制乙酸乙酯的标准曲线。
（2）利用标准曲线求样品中乙酸乙酯的含量。

六、思考题

用归一化和外标法进行定量分析的优缺点各是什么？

实验三十　聚合物材料的动态力学性能测试

一、实验目的

（1）了解聚合物黏弹特性，学会从分子运动的角度来解释聚合物的动态力学行为。

（2）了解聚合物动态力学分析仪的原理和方法。

（3）学会使用动态力学分析仪测定多频率下聚合物动态黏弹谱。

二、实验原理

若将一外应力作用于一个弹性体，产生的应变与应力成正比，根据虎克定律，比例常数就是该固体的弹性模量。形变时产生的能量由物体储存起来，除去外力物体恢复原状，储存的能量又释放出来。如果所用应力是一个周期性变化的力，产生的应变与应力同位相，过程也没有能量损耗。假如外应力作用于完全黏性的液体，液体产生永久形变，在这个过程中消耗的能量正比于液体的黏度，应变落后于应力 90°。聚合物对外力的响应是弹性和黏性两者兼有，这种黏弹性是由于外应力与分子链间相互作用，而分子链又倾向排列成最低能量的构象。在周期性应力作用的情况下，这些分子重排跟不上应力变化，造成了应变落后于应力，而且使一部分能量损耗。能量的损耗可由力学阻尼或内摩擦生成的热得到证明。材料的内耗是很重要的，它不仅是性能的标志，而且也是确定自身在工业上的应用和使用环境的条件。

在外力作用下，分析样品的应变和应力关系随温度的变化关系即为动态力学分析。对于聚合物来说，对其进行动态力学分析测定就能得到聚合物的储能模量、损耗模量和正切角（力学损耗）。这些物理量是决定聚合物使用特性的重要参数。同时，动态力学分析对聚合物分子运动状态的反应也十分灵敏，考察模量和正切角随温度、频率以及其他条件的变化的特性可得到聚合物结构和性能的许多信息，如阻尼特性、相结构及相转变、分子松弛过程、聚合反应动力学等。

DMA Q800 是由美国 TA 公司生产的新一代动态力学分析仪（见图 30-1）。它采用非接触式线性驱动马达代替传统的步进马达直接对样品施加应力，以空气轴承取代传统的机械轴承以减少轴承在运行过程中的摩擦力，并通过光学读数器来控制轴承位移，精确度达 1 nm；配备有单悬臂、双悬臂、三点弯曲、剪切、压缩、薄膜拉伸等多种夹具，通过多种操作模式，如共振、应力松弛、蠕变、固定频率温度扫描、同时多个频率对温度扫描等，通过随机专业软件的分析可获得高解析度的聚合物动态力学性能方面的数据。

图 30-1　DMA Q800 动态力学分析仪

三、仪器和试剂

仪器：DMA Q800 动态力学分析仪、空气压缩机、切割机、扭力扳手，数显游标卡尺等。

试样：聚甲基丙烯酸甲酯（PMMA）长方形样条，尺寸要求长 $a = 35 \sim 40 \text{ mm}$ 、宽 $b \leqslant 15 \text{ mm}$ 、厚 $b \leqslant 5 \text{ mm}$ 。

四、实验步骤

（1）仪器校准：仪器如果是长期连续工作状态，一般只需要进行夹具校准。若间歇开机，则需要执行包括电子校正、力学校正、动态校正和位置校正在内的校准。

（2）仪器开机：依次打开主机电源、空气压缩机电源，预热 10 min。检查空气压缩气压力表是否稳定。

（3）按主机控制屏的菜单，打开炉子，安装夹具。本实验使用单悬臂夹具（见图 30-2）。关闭炉子。

（4）夹具校准：根据软件提示对夹具进行质量校准、柔量校准。校准完成后若提示"已校准"说明校准合格。否则再次校准。

（3）样品的安装：准确测量样品的宽度、长度和厚度，多次测量取平均值，将尺寸数据输入到控制软件相应输入栏。

（4）设定实验方法：在控制软件主界面，设置测量模式、升温速率、频率、起始拉力等参数。

（5）执行测量：再次确认空气压缩机压力表正常，各参数输入准确无误，点击控制软件"开始"按钮启动测量程序。

（6）完成测量：仪器按程序完成检测后，会自动保存数据。

（7）结束实验：打开仪器炉子，取下样品，清理杂物，关闭炉子。

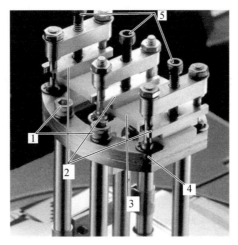

1—六角螺母；2—可动钳；3—样品；
4—夹具固定部分；5—中央锁母。

图 30-2　单悬臂夹具示意

五、数据处理

打开数据处理软件"Thermal analysis"，进入数据分析界面。打开需要处理的文件，应用界面上各功能键从所得曲线上获得相关的数据，包括各个选定频率和温度下的储能模量、损耗模量以及阻尼或内耗，列表记录数据。

六、思考题

（1）什么叫聚合物的力学内耗？聚合物力学内耗产生的原因是什么？研究它有何重要意义？

（2）为什么聚合物在玻璃态、高弹态时内耗小，而在玻璃化转变区内耗出现极大？为什么聚合物在从高弹态向黏流态转变时，内耗不出现极大值而是急剧增加？

（3）试从分子运动的角度来解释 PMMA 动态力学曲线上出现的各个转变峰的物理意义。

实验三十一　粉末样品激光粒度分析

一、实验目的

（1）学习掌握激光粒度仪的使用方法，测定样品粒度。
（2）了解激光粒度分析方法的应用领域。

二、实验原理

粒度分布通常是指某一粒径或某一粒径范围的颗粒在整个粉体中所占的比例。它可用简单的表格、绘图和函数形式表示颗粒群粒径的分布状态。粒度的测定方法通常有筛析法、沉降法、吸附法、激光法等。其中激光法是现代粒度测量最常用的一种方法。光在传播中，波前受到与波长尺度相当的隙孔或颗粒的限制，以受到波前处各元波源的发射载空间干涉而产生衍射和散射。衍射和散射的光能在空间（角度）分布于光波波长和隙孔或颗粒的尺度有关，用激光做光源，光为波长一定的单色光后，衍射和散射的光能的空间（角度）分布就只与粒径有关。

激光粒度分析仪的原理正是基于激光的散射或衍射，颗粒的大小可直接通过散射角的大小表现出来，小颗粒对激光的散射角大，大颗粒对激光的散射角小，通过对颗粒角向散射光强的测量，再用矩阵反演分解角向散射光强即可获得样品的粒度分布。

三、仪器和试剂

仪器：LB-550 型激光粒度分析仪，超声波清洗器，试管等。
样品：50~100 nm 聚苯乙烯粉末，蒸馏水。

四、实验步骤

（1）依次开启计算机、激光粒度分析仪电源，开泵，预热 15~20 min。
（2）在样品池中加入蒸馏水，按动机器排气泡按钮进行排气泡操作。
（3）取适量聚苯乙烯粉末样品于试管中，加入 5 mL 左右蒸馏水配制成悬浮液，将试管放入超声波清洗器中分散 10 min 形成均匀的悬浮液。
（4）将制好的悬浮液加到机器样品池中，注意加的速度要快。
（5）打开软件，根据软件提示控制浓度，进行测量。

五、思考题

（1）分散剂对样品粒径的影响有哪些？

（2）为什么要选定粉末样品及溶剂的折光率？

（3）利用激光粒度仪获得的粒径为样品的什么值？

实验三十二　原子吸收光谱分析及应用

一、目的与要求

（1）巩固原子吸收光谱的基本原理，掌握用火焰原子吸收光谱法进行定量测定的方法。

（2）了解原子吸收分光光度计的结构，学习使用原子吸收分光光度计。

二、实验原理

待测元素的基态原子蒸气对共振线的吸收强度（吸光度）A 与试样浓度 c 成正比，通过测定溶液的原子吸收的吸光度从而得出溶液的浓度。

光吸收的基本定律朗伯-比尔定律：

$$A = \lg \frac{I_0}{I} = \varepsilon bc$$

在使用锐线光源和低浓度情况下，基态原子蒸气对共振线的吸收符合 Beer 定律：

$$A = \lg \frac{I_0}{I} = KLN_0$$

式中，A 为吸光度；I_0 为入射光强度；I 为经原子蒸气吸收后透射光强度；K 为吸光系数；L 为火焰宽度；N_0 为基态原子浓度。

在试样原子化火焰的绝对温度低于 3 000 K 时，可认为原子蒸气中基态原子数实际上接近原子蒸气的总数。在固定实验条件下，原子总数与试样浓度 c 的比例是恒定的，故可记为

$$A = K'c$$

该式为原子吸收分光光度法的定量基础。定量方法可用标准曲线法和标准加入法。本实验采用标准曲线法。

火焰原子化是目前使用最广泛的原子化技术之一。火焰中原子的生成是一个复杂的过程，其最大吸收部位是由该处原子生成和消灭的速度决定的，它不仅与火焰的类型及喷雾效率有关，且随火焰燃气与助燃气的比例不同而异。对镁和铜的测定，为了得到较高的灵敏度，宜用富燃性火焰，在清晰不发亮的氧化焰中进行。

三、仪器、药品及材料

仪器：AA280FS 原子吸收光谱仪；空气压缩机；高纯乙炔；锌空心阴极灯；铜空心阴极灯；50 mL 容量瓶；1.0 mL、5.0 mL 刻度移液管。

锌标准溶液：溶解 1.000 g 金属锌粒于少量 1∶1 盐酸中，然后以体积分数为 1% 的盐酸稀释至 1 L，此溶液浓度为 $1.00 \text{ g} \cdot \text{L}^{-1}$，取上述 Zn 溶液稀释成 0.050 mg/mL 标准溶液。

铜标准溶液：取 3.928 9 g 纯 $CuSO_4 \cdot 5H_2O$，用适量稀盐酸溶解后，再用体积分数为 1% 的盐酸稀释至 1 L，此溶液浓度为 $1.00 \text{ g} \cdot \text{L}^{-1}$，取上述 Cu 溶液稀释成 0.10 mg/mL 标准溶液。

四、实验步骤

1．混合标准系列溶液的配制

取 5 支 50 mL 容量瓶，按如表 32-1 所示量分别加入 Cu 和 Zn 标准溶液，用去离子水稀释至刻度。

表 32-1　标准溶液配制表

序　号	1	2	3	4	5
Cu 标准溶液（0.10 mg/mL）	0.20	0.50	1.00	1.50	2.00
Zn 标准溶液（0.050 mg/mL）	0.20	0.50	1.00	1.50	2.00

计算标准系列各溶液中 Cu 和 Zn 的准确浓度（以 $\text{mg} \cdot \text{L}^{-1}$ 为单位）。

2．吸光度的测定

按照原子吸收光谱仪操作使用步骤，将配制的 Cu 和 Zn 标准系列溶液依次测定吸光度，记录相应标准溶液吸光度数据以及线性相关度等数值。

测定 Cu 波长为 324.75 nm，测定 Zn 波长为 213.86 nm。

取适量自来水作为待测样品溶液，测定并记录其相应吸光度数值，填入如表 32-2 所示中。

表 32-2　吸光度测定数据记录表

序　号	1	2	3	4	5
Cu 浓度/（$\text{mg} \cdot \text{L}$）					
铜吸光度 A_{Cu}					
Zn 浓度/（$\text{mg} \cdot \text{L}$）					
锌吸光度 A_{Zn}					
水样测定	测铜吸光度：		测锌吸光度：		

3．标准曲线的绘制和自来水中铜、锌含量的计算

分别以浓度为横坐标，吸光度数值为纵坐标作标准曲线，根据样品溶液吸光度值从曲线上查得相应浓度，并将其换算为自来水中铜和锌的含量（以 $mg \cdot L^{-1}$ 为单位）。

五、思考题

（1）简述原子吸收光谱仪的组成和原理。

（2）试分析比较原子吸收光谱法、发射光谱法（ICP）以及紫外可见分光光度法的异同点。

附：P.E AA 400 火焰原子吸收光谱仪操作步骤

（1）开启计算机，打开空气压缩机。

（2）打开乙炔钢瓶阀门，调节压力为 0.09～0.1 MPa。

（3）待空气压力达到 4.0×10^5 Pa 后，打开光谱仪主机电源开关，开始预热自检。

（4）待自检动作完成后，将听到两声"空冬"声响，说明自检完成，然后启动 AAWWLAB 控制软件。

（5）联机完成后点击 Lamps 启动空心阴极灯，等待出现 Idle。

（6）选择或建立分析方法，具体参见软件使用说明。

（7）点火：依次打开 Results、Calib、Manual、Flame 4 个窗口，点击 windows→Tile Vertical 设置窗口平铺；首先在左上窗口中选择 Flame Control 点火，待燃烧器点燃后火焰稳定出现绿色方块。

（8）样品分析：选择 Manual 窗口，点击 Analyse Blank 平行测两次空白，按照提示依次测定标准曲线和样品分析。

（9）测定结束后，点击 Flame Control 关闭燃烧器，然后点击 Lamps 关闭空心阴极灯。最后关闭软件、计算机和主机。特别注意一定要关闭乙炔钢瓶阀门！

（10）及时在仪器使用记录本上做好登记，清理所用物品，经管理人员确认后方可离开。

实验三十三　紫外光谱法检测物质的纯度

一、实验目的

（1）学习利用紫外吸收光谱检测物质纯度的原理和方法。

（2）学习紫外光谱仪的使用和操作。

二、实验原理

　　紫外吸收光谱法是有机分析中一种常用的方法，具有仪器设备简单、操作方便、灵敏度高的特点，已广泛应用于有机化合物的定性、定量和结构鉴定。物质的紫外吸收光谱是其分子中生色团和助色团的贡献，也是物质分子的特征。例如具有 π 电子的共轭双键化合物、芳香烃化合物等，在紫外区都有强烈吸收，其摩尔吸光系数 ξ 可达 $10^4 \sim 10^5$ 数量级，与饱和烃有明显不同。利用这一特性可以方便地检查出饱和烃中是否含有共轭双键，芳香烃等杂质。

　　从如图 33-1 所示曲线 1、2 中可以看出，若乙醇中含有微量杂质苯，则在波长 230 ～ 270 nm 处会出现苯的 B 吸收带，从而可检查乙醇的纯度。

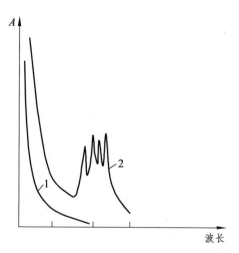

1—纯乙醇紫外光谱；2—含杂质的乙醇紫外光谱。

图 33-1　吸收光谱的比较

三、仪器和试剂

仪器：紫外光谱仪、石英比色皿、容量瓶、微量注射器、滴管等。
试剂：苯（A.R）、无水乙醇（A.R）、甲苯（A.R）等。

四、实验步骤

（1）苯的乙醇溶液的配制：吸取 10 μL 苯注入 100 mL 容量瓶中，用乙醇稀释至刻度。
（2）光谱曲线扫描。

使用 1 cm 的石英比色皿，以乙醇为参比溶液，分别测出苯的乙醇溶液在不同波长下的吸光度。先在 200 ~ 370 nm 内每隔 10 nm 测量一次吸光度，然后在峰值吸收附近，间隔逐步改为 5 nm，2 nm，1 nm、0.5 nm 等，以便较准确地绘制紫外吸收光谱。

绘制 A-λ 曲线，即得含杂质苯的乙醇的紫外吸收光谱。计算机控制操作的光谱仪可一次性绘制吸收曲线。

（3）纯度分析：根据所得吸收曲线分析乙醇中含杂质情况。

五、思考题

（1）为什么紫外吸收光谱可用于物质纯度的检查？
（2）在紫外光谱区，饱和烷烃为什么没有吸收峰？

参考文献

[1] 张培青. 基础化学实验[M]. 北京：化学工业出版社，2016.

[2] 董红兵. 基础化学实验[M]. 武汉：华中科技大学出版社，2017.

[3] 殷学锋. 新编大学化学实验[M]. 北京：高等教育出版社，2002.

[4] 王玲，何娉婷. 大学化学实验[M]. 北京：国防工业出版社，2004.

[5] 杨善中. 基础化学实验[M]. 北京：化学工业出版社，2017.

[6] 田玉美. 大学化学实验[M]. 北京：科学出版社，2005.

[7] 常万林. 大学化学实验[M]. 北京：煤炭工业出版社，2008.

[8] 曾政权，甘孟瑜. 大学化学[M]. 4 版. 重庆：重庆大学出版社，2008.

[9] 柯以侃，王桂花. 大学化学实验[M]. 北京：化学工业出版社，2010.

[10] 汪建民. 大学化学实验[M]. 北京：科学出版社，2010.

[11] 南京大学大学化学实验教学组. 大学化学实验[M]. 2 版. 北京：高等教育出版社，2010.

[12] 朱卫华. 大学化学实验[M]. 北京：科学出版社，2012.

[13] 王清华，王本根，王春华. 大学化学实验[M]. 2 版. 北京：化学工业出版社，2014.

[14] 屈芸，林小云. 大学化学实验[M]. 北京：高等教育出版社，2014.

[15] 石春玲. 大学化学实验[M]. 北京：化学工业出版社，2014.

[16] 蒲雪梅，陈华. 大学化学实验[M]. 2 版. 北京：化学工业出版社，2015.

[17] 林深，王世铭. 大学化学实验[M]. 2 版. 北京：化学工业出版社，2016.

[18] 马全红，路春娥，吴敏，等. 大学化学实验[M]. 修订版. 南京：东南大学出版社，2017.

[19] 冯建成. 大学基础化学实验[M]. 2 版. 合肥：中国科学技术大学出版社，2017.

[20] 李泽全，余丹梅. 大学化学实验[M]. 北京：科学出版社，2018.

[21] 任健敏，赵三银. 大学化学实验[M]. 2 版. 北京：化学工业出版社，2018.

[22] 陈振江，孙波. 物理化学实验[M]. 北京：科学出版社，2019.

[23] 崔玉红. 基础物理化学实验[M]. 天津：天津大学出版社，2018.

[24] 许新华，王晓岗，王国平. 物理化学实验[M]. 北京：化学工业出版社，2017.

[25] 刘春丽. 物理化学实验[M]. 北京：化学工业出版社，2017.

[26] 张进，孟江平. 仪器分析实验[M]. 北京：化学工业出版社，2017.

[27] 陈怀侠. 仪器分析实验[M]. 北京：科学出版社，2017.

[28] 叶美英. 仪器分析实验[M]. 北京：化学工业出版社，2017.